美の法則

冨永愛

ダイヤモンド社

AI TOMINAGA
THE RULES OF BEAUTY

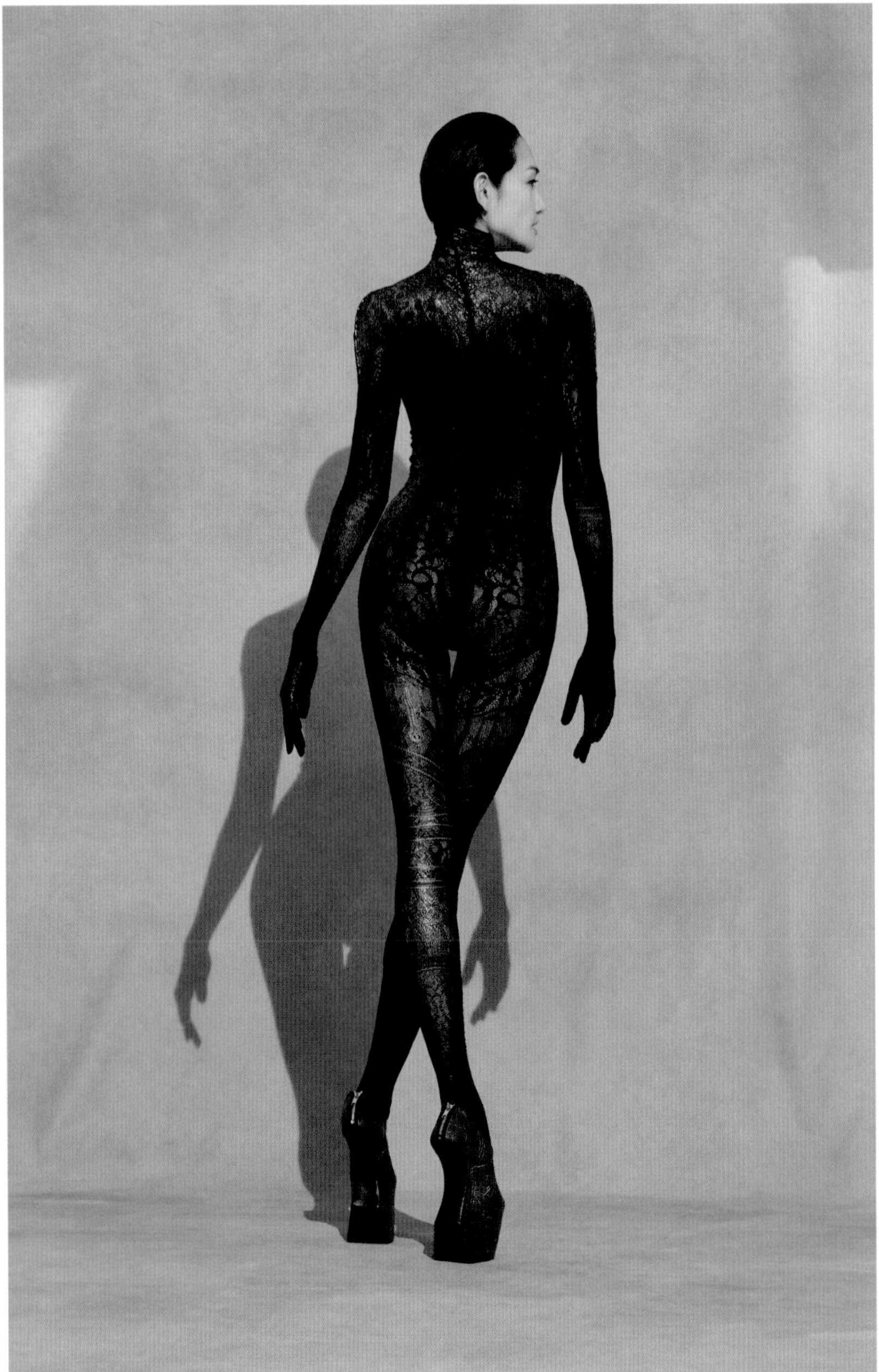

「美しさとは?」

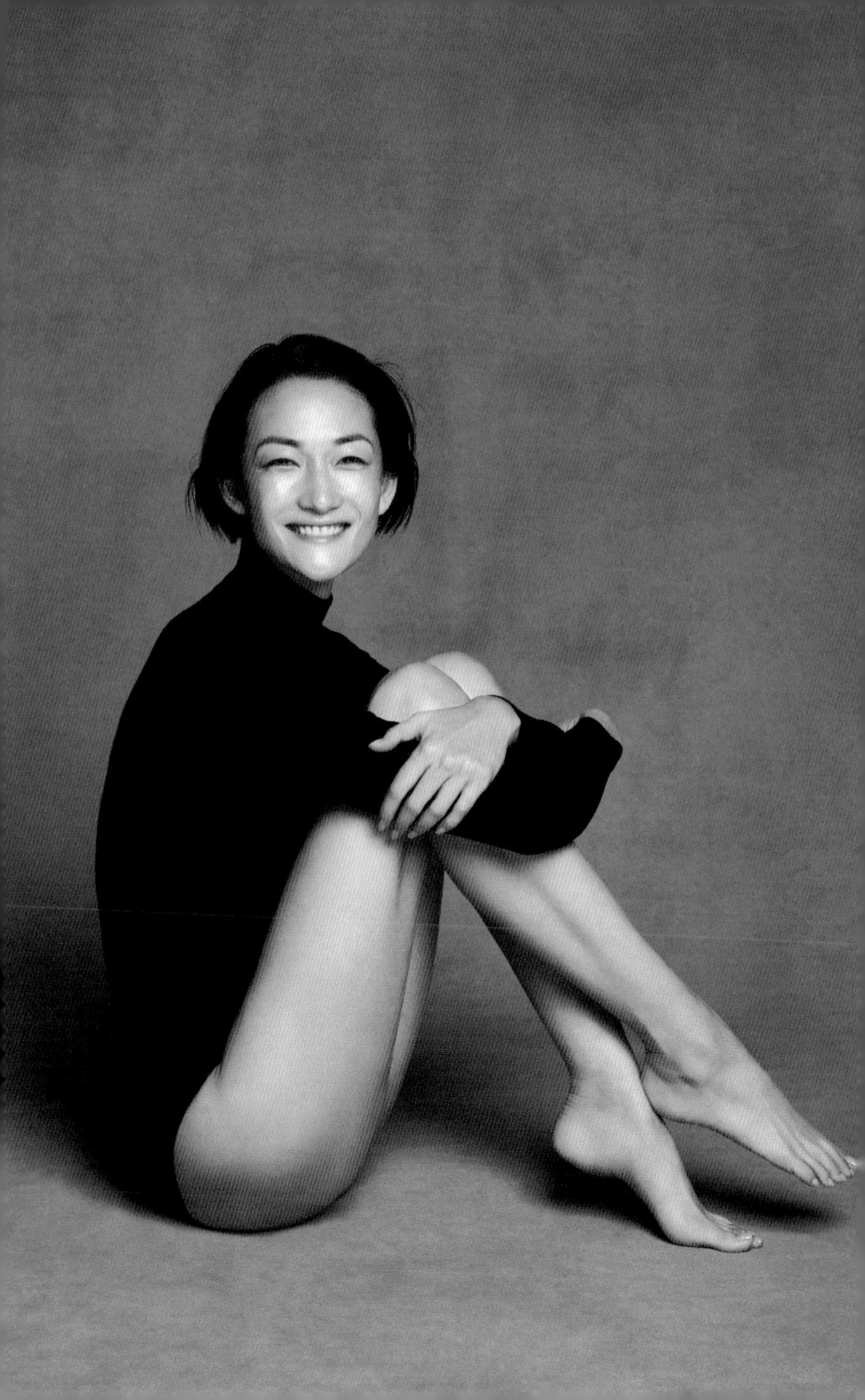

PROLOGUE

人一倍、見た目が重視されるモデルの世界にいる私が言うと、
信じがたい言葉に聞こえるかもしれないけれど――。
何が幸せで、何が豊かな人生なのか考えるとき、
本当に大事なのは見た目ではない。
すべては心の持ちようだ。そう実感している。
精神論のように聞こえるかもしれないけれど、
20年間、世界のランウェイを歩き、
究極の美の価値観に触れてきた私がいま言えること。

他人と外見を比べて美を追求しても、幸せを感じるのは一瞬で、
すぐにまた焦燥感に苛《さいな》まれるようになる。
上には上がいるし、人の欲望には際限がない。
だから他人と比べず、自分の美を追求していくことが、
幸せへの第一歩なのだ。

それに、見た目の良し悪しというのは、他人の主観に過ぎない。
世の中できれいとされている人は誰が決めたのか?
それは、あなたではないはず。子どものころ背が高過ぎて、
「巨人だ」「宇宙人だ」と揶揄《やゆ》されていた私も、
モデルの世界に入れば、
そこら中にいる同じような体型の人たちの中の一人でしかなかった。
自分が特別に変わっていると思っていても、別の世界に行けば、
それが当たり前になることがある——世界は広いのだ。

美の価値観は多種多様。
だから美しくなりたいと願うなら、
〝自分にとっての美しさ〟とは何か——。
〝どういう類《たぐ》いの美しさ〟を手に入れるべきなのか——。
この本をきっかけにして、とことん考えてみるのはいかがだろうか。

自分らしさを追求し、磨く。
それが、誰もが最高に輝ける秘訣だと思っている。
私もそうやって、トップモデルを目指してきた。

この本では、職業上〝美しさとは何か〟ということを、
つねに考えてきた私のビューティーチップスをお話ししていこうと思う。
これはあくまでも、私個人の話であり、みんなに当てはまる法則ではない。
しかし、この本を手にとってくれた人たちは、
きっと今よりもベターな自分を求めているはず。
それは、私も同じ――。

その探究心が、自分をさらなる高みへ連れて行ってくれるはず。

CONTENTS

CONTENTS

LESSON. 3

LESSON. 4

LESSON. 6

働く女性が輝くために 大切なこと

LESSON. 7

AI TOMINAGA
THE RULES OF BEAUTY

▼

LESSON.
1

美しくなるために必要なこと

美しさは生き方からあふれ出るもの

コレクションは、現実とかけ離れた別世界。

夢のようなファンタジー。

生身の人間でありながら、虚構を生きるのがモデルだ。

1分にも満たないランウェイの時間は、モデルにとって恐ろしくもあり、身震いするほど甘美な世界でもある。

ランウェイのウォーキングというのは、非常に奥が深く、ただ歩けばいいというものではない。

歩き方やスピードも大事だけれど、モデル自身の体と心のバランスや、生き方までもが如実に表れる。

観客は、その服を着たモデルの人生を通して、デザイナーの世界観を味わう。

そこでは誰のマネでもなく、〝冨永愛〟からあふれる、真の美が求められる。

だからこそ、私が目を向けてきたのは、〝内面からの美しさ〟だ。

どうしたら内面から美があふれるような人間になれるのか、つねに考えている。

これは写真撮影でも同じ。

長い間モデルをやっていると、写真にはそのモデルの生き方さえも写し取られているように感じる。カメラの前では嘘はつけない。

何を見てどう感じるか、人との接し方や、仕事との向き合い方、どんな部屋で暮らし、どんな日常をおくっているのか、自分を大切にしているのか……。

つまり、美しさの本質を追求していくと、

「今をどう生きているか」

という問いにたどり着く。

私は、今の自分の有り様《あ　よう》を、つねに見つめてきたように思う。

美しさは生き方からあふれ出るもの。

これに尽きると思えるから。

〝自分らしい美しさ〟を追求する

「美しさとは？」

という問いに対して私が答えられるのは、あくまで「私」の美の基準。

なぜなら「美しさ」とは、人それぞれのものだから。

実際、私はいつも自分に問いかけてきた。

「冨永愛の美しさとは？」と。

トップモデルになるために、自分ならではの美の世界を追求する必要があったから。

多種多様な美が存在するファッションの世界。そこでモデルに求められるのは、突出した個性だ。

ウォーキングやポージングといった高度な技術だけではなく、取り替えのきかない何かが必要になる。

たとえば、スーパーモデルのケイト・モスは１６７センチの低身長でやせっぽち、しかもスキッ歯。それがじつにキュートで、新しい美の価値観をつくり、名声を手にした。突出した個性は、何ものにも代えがたい強みなのだ。

個性がなければ、まず採用されないし、一時的に注目されたとしても、流行りすたりの激しい業界では、あっという間に飽きられ、忘れ去られてしまう。

だから私が昔も今も意識し続けているのは、

〝100％私自身であり続けること〟。

誰かのマネをするのではなく、流行りを追うのでもなく、つねに私は私自身であり続けようと心に決めていた。

モデルの基本ともいえるウォーキングやポージングでさえ、自分らしさを極めていった。

私がウォーキングを教わったのはデビュー当時のニューヨークで1、2回。それも、「オートクチュールのウォーキングはこんな感じ、プレタポルテのウォーキングはこんな感じ」と、非常にざっくりしたものだった。

結局、ほとんど独学で習得・研究し、繰り返し練習して精度を高めていったのだ。

もちろん、モデルを目指す若い子たちにアドバイスを求められれば、できる限り応じている。でも、「モデルとしての在り方」は教えられない。

別に意地悪をしたいわけじゃなく、私のやり方は私のもので、他の人には当てはまらないからだ。ウォーキングやポージングも、「こうしなさい」と言ってしまえば、それは私のコピーをつくることになる。

ファッション業界も「多様性」が求められる時代。

アジア人モデルが珍しい存在ではなくなっている今だからこそ、「冨永愛が冨永愛であり続けること」が重要だと思っている。

その人らしい美しさを追求すること。

これは、モデルの世界だけのことではない。

すべての女性に伝えたいメッセージだ。

まずは自分の素材の良さを活かす

誰にでも、その人なりの素材の良さはある。

たとえば「冨永愛」の場合なら、「肌がきれい」「手足が長い」といったこと。

みんな、自分の長所を忘れて、誰か違う人になろうとするから苦しくなる。

そんなに難しいほうにいかなくても、もっと違う、自分らしい美しさを見つけたほうがハッピーに決まっている。

たとえば、色白なら、より透き通る肌づくりに専念したり、シミのケアをしたり。

地黒なら、日焼け肌のような健康的なメイクを追求したり、それを活かすようなスタイルにしていくのもいい。

髪に自信があるならさらなる美髪を目指したり、手に自信があるならネイルケアにこだわってもいい。それが「素材を活かす」ということ。

私の場合、肌に自信があったから、どんなに疲れていても、クレンジングや保湿はしっかりやって、いつでもすっぴんで勝負できる良い状態をキープしている。

長い手足、なだらかな肩のラインや、くっきりとした肩甲骨《けんこうこつ》と鎖骨《さこつ》のラインも自慢の一つだから、それがより美しく見えるポージングも徹底的に研究した。

結局は、自分のいいところを知って伸ばすことが、美しさへの第一歩なのだ。

これが、ほかの誰とも違う「雰囲気」をまとうための必須条件といえるだろう。

私がモデルになった理由

私はもともと、ファッションに興味があったわけではない。

モデルを始めたのも、姉に勧められたのがきっかけで、身長が高過ぎるというコンプレックスを克服したかったからだ。

本格的に「モデルとして一番を目指そう」というスイッチが入ったのは、17歳のとき、テレビでドルチェ&ガッバーナのショーを観た瞬間。

細かいプリーツが施されたワイドフレアのパンツに、肌が透けて見えるほどのシースルーシャツ、そして床にこすれるほどの長さの重厚なロングコートを着て、さっそうと歩いてくるモデル。

咲き乱れる花の前でポージングをすると、カメラのフラッシュが絶え間なく光り、そして射るような視線を投げかけて歩き去っていく。

ウォーキングも、服も、背景にある花も、それはまるで絵画から飛び出してきたかのよう。

「なんて美しいのだろう！」

私はいつの間にかテレビに釘付けになっていた。

「私は絶対にここに行く！　絶対にこのコレクションに出る！」と、決めた。

テレビを通してでも伝わってくる、圧倒的な美のクリエーションに、完全に心を摑まれた瞬間だった。

2001年、17歳で初めてニューヨークコレクションに挑戦し、ラルフ ローレンをはじめ5、6本のショーに出演することができた。

次のシーズンはパリのオートクチュールコレクション。

その後も、ニューヨーク、パリ、ミラノの三大コレクションを回った。

客観的に見れば〝トントン拍子〟に見えただろう。

「冨永愛は、デビューシーズンにすぐブレイクした」と言われたが、有頂天にはなれなかった。あのころは、アジア人のモデルがまだ珍しい時代。現場では人種差別的な扱いを受けて悔しい思いをしていたからだ。

冨永愛である前に、アジア人として差別的に扱われる現実を痛感する日々だった。

理由は今でもわからないけれど「アジア人の愛には黒い服しか似合わない」と決めつけられたことが悔しくて、オーディションにはわざと白やカラフルな服を着ていった。いま思えば、「日本人の冨永愛には黒が一番似合う」ということだったのかもしれないが、当時の私はポジティブに受け取ることができなかった。

日本では「日本人初のスーパーモデル誕生」ともてはやされたが、上には上がいた。当時はナオミ・キャンベルもケイト・モスも、まだショーに顔を出していて、その圧倒的な存在感から、振る舞い、周囲の扱い、ホテルや車、すべてにおいて「これぞスーパーモデル」という、絶対的な格差を見せつけられた。だからなおさら、ここで終わってたまるかと思っていた。

トップモデルになるには、鋼《はがね》のメンタルと勇気が必要だし、自分を売り込んでアピールしないと何も始まらない。

キャスティング（オーディション）では、ウォーキングすらさせてもらえず、「もういいよ」と帰されることも珍しくなかったが、それでもめげずにチャレンジし続ける不屈の精神で挑んだ。

若く、失うものなど何もなかった私は、本当に怖いもの知らずで、勝ち残ることに

Givenchy Autumn/Winter 2010-11 Paris Collection
写真：アフロ

貪欲だった。とにかく「今に見ていろ！」という怒りをエネルギーにして前に進んだ。モデルとは何かと深く考えるようになったのは、ずっと後のことだったけれど、これら数々の悔しい経験が、今の冨永愛を創り上げている。

ごく限られた世界の価値観に縛られない

多くの女の子は、子どものころから「かわいい」ことに執着する。男の子にモテるのも「かわいい」タイプだ。中高生になってもその風潮はあまり変わらず（少なくとも私の時代は）、背は高過ぎず、童顔で、明るく、気の利く女の子が人気だった。

でも私ときたら、まるで逆。中学、高校時代も、たいていの男の子より背が高く、すれ違いざまに「デカい女だな」と言われることもしょっちゅう。

顔も「かわいい」とは程遠いし、性格は地味だし、ファッションにもさほど興味がなく、女の子っぽい服装とも無縁だった。そんな自分が大嫌いで、いつもコンプレックスに押しつぶされそうだった。

「男に生まれればよかった」と、男の子の服装をして、男の子のマネをしていたこともある。鏡に映る猫背で陰気な自分を見るのが嫌で仕方なかった。

「なぜ私はかわいく生まれなかったんだろう？」と自分を呪《のろ》い、打ちひしがれ、それは怒りに変わっていった。

ところが、モデルの世界に足を踏み入れ、世界に飛び出してみると、そこは今まで私が存在していた世界とは、まったく別の価値観にあふれた世界だった。

デザイナーのジョン・ガリアーノ、トム・フォード、アレキサンダー・マックイーン、カメラマンのニック・ナイト、ピーター・リンドバーグら、クリエーターによって生み出された自由な表現の中には、多種多様な「美」が存在していた。

背が高いことも、真っ黒なストレートヘアも、周囲には「怖い」とか「生意気」と言われた顔立ちも、負けん気の強さも、オセロの石が黒から白へ一度に全部ひっくり返されるように、すべて武器になった。「かわいい」の呪縛から、やっと解放されたのだ。

もしあなたが、自分と誰かを比べ、コンプレックスに苦しんでいるのなら、それは、ごく限られた世界の価値観に縛られているだけかもしれない。

私たちはもう、泣いているだけの子どもじゃない。望めばどこにだって行けるし、自分を活かせる場所は、探せばきっとどこかにある。

いきなり「自分に自信をもとう」と言われたって難しいと思う。

でも目を開いてみて！　一歩踏み出す勇気をもって。

世界は広い！

いつでも裸になれる準備はできている？

「トップモデルになるために、何を学べばいい？」

私はこの問いに、的確に答えることはできない。トップモデルになるためのマニュアルなんて、どこにも存在しないのだから。

逆に質問するとしたら、「ところであなたは、裸になれる準備はできているの？」。

ランウェイを歩くモデルは、写真のように加工や修正がきかない仕事。修正いらずのボディを作り上げ、勝負する。

そんな気概をもって世界に挑戦してきたし、人知れず努力した。それは今でも変わらない。ランウェイでは、360度から見られるわけだし、シースルーのようなドレスを着ることだってある。どこから見られても構わない、と納得するまで、すべてのパーツを磨き、鍛え上げるのは基本中の基本だ。

修正可能な欠点は改善しておくべきで、よく見なければ分からない部位、たとえば体毛、爪、歯、足の裏まで細かく点検、ケアし、磨き上げ、自信を高める。

どこまでやるかは、本人の美意識次第だけれど、私は、表から裏まで、いつでも隙なく準備している。だから私の答えは、

「いつでも裸になれる準備はできているわ」

ランウェイで見せるべきは私であって、「私」という自意識ではない。目的は、デザイナーの服に魂を吹き込んで、最大限魅力的に見せること。そのブランドの世界観をきちんと表現できるように、モデルとしての基本を満たしておくのだ。

とはいえ、肌がそれほどきれいとは思えない子がトップモデルになったり、ブランドによって好みのタイプもあるから、本当に何が基準になるのか分からない世界。

だからこそ、裸の自分をつねに点検し、「いつでもＯＫ」と言えるよう、基本的なケアやトレーニングを積み重ねる。

それが未来への切符を手に入れる鍵だと信じているから。

美の基本軸はバランス

美しさの定義はいろいろあるけれど、いま私が思う美しさの軸になるものとは、「バランス」だ。17歳からランウェイを歩き、たどり着いた、私なりの結論である。

人はバランスの世界に生きている。

食べ過ぎればボディバランスが崩れる。

忙し過ぎて休息がとれないときは、心身ともにバランスは崩れる。

恋愛も溺れ過ぎると精神的なバランスが崩れてしまう。

メンタルバランスが崩れているモデルは、ランウェイですぐ分かってしまう。地に足がついていないように見えるし、浮ついた歩き方をする。

美の基本軸はバランスなのだ。
だから私は、つねにいいバランスを探している。

白鳥のように優雅に努力する

「白鳥は水面を美しく泳いでいるように見えて、水面下では一生懸命水をかいているのよ。彼女にはそんな努力をしてほしいと思うわ」

2001年に、密着取材を受け放送されたテレビ番組「情熱大陸」（毎日放送）で、ファッションジャーナリストの故・大内順子さんが、私にくださったメッセージだ。

当時の私は、この言葉を素直に受け止められなかった。「努力しなさい」と上から言われているようで素直になれずにいた。この言葉の意味さえ理解できない子どもだったのだ。

「情熱大陸」が放送されたとき、視聴者の意見は賛否両論。それはそうだろう。明けっ広げで大胆、強気で、怒りや憤りをそのまま顔に出す、歯に衣《きぬ》着せぬ物言いの20

歳の女が、ありのまま映っていたのだから。

「努力します」という言葉は、私の好みではない。なぜなら、努力はひけらかすものではないと思うから。見えないところでの頑張りが、人を輝かせると信じている。

でも、大内さんには、当時の私はそう見えなかったということなのだろうか。見た目の美しさにばかりとらわれていた、あのときの私の内面を見抜いていたのだろうか。それとも、負けん気のパワーだけで猛進していた私を痛々しく思ったのか。

いずれにしても、あのときの私にはぴったりの言葉だったと思う。

彼女の言葉の意味がじわじわと分かりはじめたのは、ずいぶん後になってからだ。

大内さんの言葉が、あのころからずっと私の頭にある。

当時の私にとっては苦い言葉に思えたけれど、時を経た今、この言葉は自分がどうあるべきなのか考える指針となっているし、私の背中を押してくれている気がする。

いつしか、滑るように優雅に水面を泳ぐ、あの白鳥のようになれたらと思いながら、私は今も歩き続けている。

大事なのは、基本を続けていくこと

歳を重ねると、美容や食事、トレーニングの基本ルーティンからはずれたときに、バランスが崩れる速度も速いし、戻すのがたいへんということが分かってきた。リカバリー能力も下がってくる。

だから、その年齢なりに基本ルーティンをアップデートしながら、継続していくことが大事だ。

私は、旅行先や出張先などでジムがなかった場合でも、部屋でできるトレーニングをおこなう。食事に関しては、たまには食べたいものを食べる。がまんし過ぎない。

日々の基本ルーティンをこなしているから、そこからたまにはずれるぶんにはいいだろうと思っているし、戻せる自信はある。

大事なのは、基本中の基本を日々続けていくこと。

「美は一日にしてならず」である。

変化していくことも美しさ

今の時代、LGBTQ＋の子たちや、ジェンダーレスなモデルも続々とデビューしている。とくに印象的なのは、インスタグラムなどSNSを通じて人気を得た、インフルエンサーの目まぐるしい活躍ぶりだろう。

インスタグラムの写真がきっかけで有名な雑誌のカメラマンから起用されたり、モデルとして広告に出たり、パーティの常連客になったりと、SNSが及ぼす力は絶大で、今や「誰が何人のフォロワーを持っているか」ということが重要視されるようになった。

フォロワー数が多いということは影響力もあるのだと認識され、その数によって仕事の内容やギャランティも変わる。

実際にどの程度の影響力があるかは計り知れないけれど、今やファッションを動かしているのはSNSと言っても過言ではないだろう。

コレクションのフロントロー（ショーの観覧席の最前列）は、かつてジャーナリストやバイヤー、一部の重要顧客のみが座れる場所だったが、今は多くのインフルエンサーを見かけるようになった。

そしてランウェイでも、インフルエンサーが歩いている。モデルやインフルエンサーだけではなく、多くの肩書を持つという意味の「スラッシャー」という言葉が登場したのには、一人が多様な業種を兼任する時代になってきたという証しでもある。

今や一つの物事にとらわれずに広い視野で物事を考え、活動できる時代になったということだろう。

時は流れ、時代は変わる。新しい時代を生きる若者たちによって、新しい美の価値観が追求され、理想とされる女性像も変わり続けていくだろう。

だから私たちは変化を恐れなくていいのだ。

美とは移ろいゆくもの。変化していくことも、美しさなのだから。

私自身も、変わりゆく時代とともにその変化を受け入れ、そして自分の変化も受け入れていきたいと思う。

もはや若さは武器ではない

モデルの入れ替わりの周期は3年といわれているけれど、その時々によって流行りのスタイルがある。

1990年代前半、いわゆるスーパーモデル時代は、クラウディア・シファー、シンディー・クロフォード、ナオミ・キャンベルなど、グラマラスで健康的、そして180センチ以上の高身長でスレンダー、面立ちの整ったモデルの時代だった。

その後、ケイト・モスのような華奢でユニセックスな印象のウェイフモデル（ウェイフは「やせこけた」という意味）、そしてお人形みたいにかわいい顔立ちのドール系と、時代ごとに人気モデルのイメージも印象も様々に変化してきた。

それまでのモデルといえば、若いこと、フレッシュであること（新人）が圧倒的に有利で、若さを失えば使い捨てられる、キャリアの積み上げがきかない仕事だった。

事実、20代後半で引退する子がほとんどで、セレブタレントとして生き延びたり、女優に転身したり、富豪と結婚したりする人は、ほんのひと握り。多くは「いつの間にか消えている」という、残酷な世界。そこに疑問を感じていた人も多かっただろう。そして今は多様性の時代。

まず大きなトピックとしてあげられるのは、1990年代前半にファッション業界を震撼させたスーパーモデルたちがカムバックしていることだ。

彼女たちの年齢は50歳前後。ランウェイを歩き、雑誌や広告に登場し、その類いまれな魅力を存分に発揮している。

時代は変わった。若ければいいという固定観念は消えつつある。ファッション業界は、そうした方向に舵を切っている。

いまランウェイでは、モデル一人ひとりの歩んできた人生が価値を生み出し、時代はモデルたちのリアルな人生ストーリーを求めているのではないかと思う。

一方、日本ではまだ、(モデルの世界に限らず)女性は若いほうが美しく、老いることは価値をなくすことだという観念が根強くあるのは否めない。

もちろん若さには無類の美しさが宿るのだけれど、歳を重ね、多くの経験を積んできた女性の美しさを軽視してはいけない。

経験を積んだ人間としての深みは、その人の大きな魅力だし、美しさの源であると考えるほうが自然。

人間的な豊かさが美しさに繋がるというのが、私の結論だ。

〝今の年齢〟のベストを目指す

私はつねに〝今の年齢〟のベストを追求している。

「若いころ着ていた服が、似合わなくなってしまった」と嘆く人がいるけれど、似合わないのは当然のこと。体重は変わらなくても体つきは変わるものだし、肌や髪の質感、顔つきだって変わる。もちろん、人間の中身も。

私は、昔の自分にしがみついていない人は素敵だと思う。

今の年齢ならではの、おしゃれやメイクを楽しむ人。

たとえば、昔なら〝衣装負け〟して似合わなかった服を、いま堂々と着られることを私は誇りに思いたい。上質なキャメルのコートのように、経験豊かな大人の女性が着てこそ美しく輝く服は、いくらでもあるのだから。

ヘアカラーをやめて、ナチュラルなグレーヘアでいくというのも、潔くて素敵だと思う。でも、なかなかそこまでは思い切れないという気持ちも分かる。

加齢による変化——シミやシワが増えたり、ハリが衰えたり、体力が低下したりということは、ある日突然くるものじゃないから、みんな「あれれ？」と戸惑いながら、何とか挽回しようとあがくものだと思う。

でも、みっともなくあがくのも含めて、それが人生。

あがいて、あがいて、あがきまくって、「もう無理！」となったときに、見えてくる世界がどんなものなのか、私も楽しみにしている。

美容医療は悩んでいるなら頼っていい

きれいになる手段として、美容整形手術を選ぶ人もいる。最近では、メスを使わないプチ整形もたくさんあるから、その敷居はかなり低くなっている。

レーザーによるシミ消しや、ヒアルロン酸注射で肌にハリをもたせる施術、ボトックス注射でシワをとる施術などは、エステ感覚で定期的に受けている人も多い。モデルや芸能人で、ある程度の年齢以上なら、こうした美容医療を一つも受けていない人のほうが珍しいかもしれない。

そんな、少し特殊な業界でなくとも、本人が納得しているなら、美容整形という手段はありだと思う。

容姿にコンプレックスがあって、鏡を見るたびに憂鬱で、社会生活にも支障をきたしてしまうくらいなら、思いきってメスを入れるのも、状況を打開する一つの手段だろう。

人から見れば些細な悩みでも、本人にとっては耐えがたいほどの大問題ということはある。

それを、自分の価値観にあてはめ、否定することは、誰にもできないはずだ。

AI TOMINAGA
THE RULES OF BEAUTY

▼

LESSON.

2

美人オーラのつくり方

丹田を意識すると動きが美しくなる

立つ、座る、歩くといった日常の動きのなかで、最も大事なのが、「丹田《たんでん》」。

丹田は、動きの中心、エネルギーの源といわれているところで、下腹部――おへその約5センチ下、その約5センチ奥にあるとされる。

インドのヨガ、中国の気功、日本の武術でも重視される部位で、丹田を開発し、意識するようになれば、どんな状況においても、安定した自分を維持できるといわれる。

私は、そこまでの奥義はもちろん体得していないけれど、丹田を意識することで、動作が美しくなるのは確か。

さらに集中力を高めたり、心の揺れを鎮めることもできる。そうやって、ここぞというときに最高のパフォーマンスが発揮できる状態にしていくのだ。

次に、丹田を意識した、美しい立ち方、座り方、歩き方を紹介していこう。

美しい立ち方

「姿勢を良く」というと、多くの人は腰を反らせ、あごを引き過ぎてしまうのだが、丹田を意識すれば、体に無理なく、美しい姿勢を保つことができる。

1、まず、いつものように立つ。そこから内転筋《ないてんきん》（太ももの内側の筋肉）にぐっと力を入れる。
2、お尻の穴をきゅっと締める。
3、丹田を意識して引き上げる。その引き上げた縦のラインが、胸の間を通って首を引き伸ばし、頭の先まで突き抜けているイメージをもつ。
4、あごは自然に引く。
5、胸を開き、肩の力をすとんと抜く。
6、足裏全体できちんと立つイメージをもつ。

美しい座り方

丹田を意識することで、骨盤が地面に対して垂直になり、関節に偏《かたよ》った負担をかけることなく、楽《らく》に美しく座れるようになる。

1、まず、いつものように座る。腰を反らしたり丸めたりせず、ひざを閉じる（内転筋を意識して）。

2、丹田を意識して引き上げる。その引き上げた縦のラインが、胸の間を通って首を引き伸ばし、頭の先まで突き抜けているイメージをもつ。

美しい歩き方

さて、ここでは日常生活で、美しく歩きながら、全身のゆがみなども調整できる歩き方を紹介しよう。丹田を意識し、体幹を使って歩けるようになると、体のバランスも整い、全身の血流が良くなる。

歩き方

1、まず、いつものように立ち、内転筋にぐっと力を入れる。
2、お尻の穴をきゅっと締め、丹田を意識する。
3、いつもより少し大股を意識して一歩踏み出し、かかとから着地（大股で歩くと、丹田に力を入れざるを得ないので、体幹も鍛えることができる）。
4、出したひざはまっすぐ。丹田は意識したまま、骨盤を引き上げ足運びに乗せていくイメージでリズミカルに。

足運び

足運びは、つま先とかかとを「まっすぐ」前に運ぶ。決して足先はハの字にはしないこと。モデルのような一本の直線上を歩く歩き方は、腰に余計な負担がかかるのでおすすめしない。

また、利《き》き足が右の人は、左足が出にくい傾向があり、だんだん骨盤がずれていくので、左の歩幅を少し大きくとるよう意識するといい（左利きならその逆）。

私も右利きだから、歩くときはもちろん、靴を履くとき、ズボンをはくとき、階段を上るときも「左足から」を意識することで、体のねじれを調整するようにしている。

ちなみに、ランウェイを歩くウォーキングは、ショーの種類によって違う。

たとえば、オートクチュールのウォーキングの場合、ドレスのトレーン（ドレスを後ろに長く引きずった裾《すそ》の部分）を美しく見せるために、腰を前に突き出すようにして歩くことが多い。

若い世代のモデルたちのウォーキングは、ひと昔前ほど美しく歩くことは求められていないようで、ちょっとあごが出るというか、ストリートウォーキングに近くなってきている。

いずれにしても、モデルのウォーキングは、決して体に良いウォーキングとはいえない。足を交差させながら、大股で、しかもハイヒールでカツカツ歩くから（しかもドヤ顔で！）、だいたいみんな腰を悪くする。だからふだんはマネしないでほしい。

より美しく見える「斜め＆斜めの法則」

写真慣れしている人は知っていると思うけれど、よりシャープに見せるために、カメラの前では「体を正面に向けない」のが基本。顔も体も「斜め」が鉄則だ。座るとき、両脚を斜めに流すと脚がすっきり細く見えるのは有名だけれど、じつは、この「斜め」を一つポージングにプラスするだけで、より美しく、立体的に見える。

これを私は「斜め＆斜めの法則」と呼んでいる。

1、丹田をぐっと意識して立つ。背筋をシュッと伸ばす。
2、カメラに対して、体をどちらか斜めに向けて立つ。
3、カメラに向かって前側の脚を、斜め45度前に伸ばしてまっすぐ出す。そして引いている側の腰に、体重を乗せる（腰を入れる）。

これだけで写真は活き活きする。

人それぞれ美しい角度は違うから、カメラの自撮りで180度撮影して、どの自分が美しいか研究してみて。

「写真を撮られるとき、緊張で顔が固まっちゃう」という人は、顔に意識が行き過ぎているのかもしれない。いい表情のつくり方は次のとおり。

いい表情のつくり方

1、丹田をぐっと意識して、背筋はシュッと伸ばす。

2、シャッターが下りる直前、フーッと息を吐く（口をすぼめないように）。

私は仕事以外で撮られるときは自然体だが、これらはほとんど習い性のようなものだ。ぜひお試しあれ。

美オーラをまとうイメージトレーニング

ランウェイや撮影では、緊張感をより高めることで現れる「ちょっとした殺気」が必要。そのスピリットこそが、この世のものとは思えない美しさを生み出す。

ランウェイを歩く前は、今でももちろん緊張するけれど、私はこの緊張感が好き。緊張からくるドキドキ感で、自分を奮い立たせることができるからだ。

持てる限りのエネルギーを出さなくてはならないから、気持ちを持ち上げ、オーラとしてまとう。緊張感がすべてのエンジンだ。

私がよくおこなう「オーラをまとうイメージトレーニング」を紹介しよう。

1、深く息を吐いて、顔の表情をやわらかくする。

2、次に、頭皮全体を後頭部にまとめるイメージをつくる。すると、表情がシュッと引き締まり、輝きを増すように見える。さらに口元を緩める。

これは慣れるとできるようになる。実際、顔の形が一瞬で変わるわけではないけれど、そうすることで顔に緊張感が生まれ、独特の気配というか、オーラが出て、気持ちもピシッと引き締まる。

これはモデルの仕事に限らず、重要な会議などの前にも応用できる技かもしれない。

メイクで輝きまで消してはいけない

日本女性は、メイクがとても上手。そして濃い。

日本はコスメ大国で、すばらしいメイクアップ・コスメがたくさんあるとはいえ、ちょっと頑張り過ぎでは？　と思うこともある。

ヨーロッパの女性は、昼間はほぼノーメイクで、夕方から口紅をつけるくらい、という人が多いように思う。だから、初めて日本に来たパリジェンヌも、朝からハイレベルなフルメイクで出かける日本女性にびっくりするという。

ファンデーション、眉毛、アイシャドー、マスカラもばっちり、チークも口紅も、となると、ちょっとお腹いっぱいという感じ。やり過ぎは、その人ならではの輝きも消してしまう。

メイクにも、服と同じように、やはり〝抜け感〟が必要だと思う。

私の日常は、肌はすっぴんが基本（日焼け止めはマストだが）。眉毛だけ描き、バッグにはお気に入りの口紅が一本だけ。

ファンデーションを塗るときは、顔全体にぺたーっと塗るのではなく、顔の真ん中を中心に薄くのばすように塗り、フェイスラインは残す（顔と首元が自然につながるように）。

顔全体をすべて均一に塗ってしまうと、なんだか人工的に見えるし、その人自身の輝きや魅力も消えてしまうと思うから。そのぶん、毎日のスキンケアは丁寧におこない、素肌を大切にしている。

そばかすや、シミ、クマが目立つ場合は、そこだけコンシーラーをちょんちょんと塗るのもいいけれど、どうしてもそこだけ厚塗りになる。私がいま試しているのは、そこにハイライトを入れること。パールの光でうまくカバーすることもできる。もう少しカバーしたいというときは、コンシーラーとハイライトを混ぜて塗るとよい。

きちんとしたい日のメイクは、ファンデーションを薄く塗り、眉毛を描き、薄いアイシャドーとアイライン、チーク、軽く口紅を塗って終わり。マスカラはめったにつけない。滲《にじ》んでしまうと面倒だから、ビューラーのみのことが多い。マツエクをするというのも、一つの手。私も最近やってみて、この効果に驚いた。

メイクアップでは、自分に合った色を見つけるのも大事なポイントだ。

たとえば、最近よく聞くカラー診断で、自分の肌がイエローベースか、ブルーベースか知るのも一案。自分に似合う色を知らずにメイクをしていることもあるので、プロに診断してもらうのもいいと思う。

「ファッションの魔法」を味方につける

私はいつも、「ファッションの魔法」を信じている。

朝、服を選ぶとき、たとえばビビッドな色を選べば元気になれる。

気持ちを引き締めたい日は、いつもと違うクールなジャケットを羽織ったり。

着る服によって気分を変えることができたり、なりたい自分になれる。

これぞ、ファッションの魔法だ。

リアルクローズ（日常生活で着る衣服の総称）でも、着る人がモデルではなくても、デザイナーが魂を込めて作った服を、人がまとうことで命が吹き込まれ、ミラクルが起きる。

服って本当におもしろいものなのだ。

私のふだんのファッションはジーンズが多い。

夏はワンピースもよく着る。髪を短くしたから、ガーリーなワンピースもクールにキメることができるようになったのがうれしい。

長く愛せるものに出会ったときは、ひたすら幸せ。

シーズンごとにいろいろと買い替えるよりも、長く同じものと付き合うほうが愛着も湧くし、同じ時を過ごした物語も生まれてくる。

〝新しい自分を発見できる服〟というものもある。

「こんな自分がいたのだ」と、まだ見たことのない自分に出会える魔法のような服。

モデルの仕事では、そうした服に数えきれないほど出会い、身にまとうことによろこびを感じてきたし、自分の個性が際立つ〝勝負服〟がどんなものかも、だんだん分かるようになってきた。

でも、しばらくモデルの仕事を休むことにしてすぐのころは、何を着ればいいのか悩んでしまった。10代でこの仕事を始めた私は、ふつうの学生や社会人の生活とは無縁だったし、事実、私のワードローブには、息子のＰＴＡの集まりに着て行けるような、〝ふつうの服〟が一枚もなかったから。

シャツ一枚にしても、襟にちょっとふつうじゃないレザーがついていたり、一見ふつうに見えるスカートも、深過ぎるスリットが入っていたり。

授業参観に行こうと身支度をしていたとき、息子が私の服装を見るなり、「もしかして、その格好で学校に来るつもり？」と言ったこともあった。

膝上15センチくらいのタイトなスカートをはいていた私は、「え？　これじゃダメ？」と聞いてみたのだが、「短過ぎだよ！　恥ずかしいじゃないか」と。

なるほど、私にはふつうに感じるこの丈も、子どもがお母さんを見るときの視線とは全然違うものなのだと知った。

そんなことが初めて理解できた自分も恥ずかしいのだが、いわゆるお母さん的な服装で来てほしいという息子の思いに応えようと、私はクローゼットをひっくり返し、唯一持っていた無難な黒のパンツに、白いハイネックセーターという格好で学校に行くことにした。それからというもの、私が買った服というのは、黒のワイドフレアのパンツ、緩めなシルエットのセーター、優しいピンク色のトップス……等々、学校に着て行けるような服ばかり。

華やかなファッションが好きな人から見れば、つまらない服だと思うかもしれないが、そんなことはない。

かっこよくクールにキメていた今までの私服から、ガラッと変わって、少し緩めのシルエットでやさしい色使いの服を着ると、どこか穏やかな気持ちになれるものだし、あまり着ることのなかったジャンルのコーディネートを楽しむことで、新しい自分を発見することにもなった。

今ではすっかりなじんだお母さんルックを、息子は安心して見てくれていることだろう。

これからも「ファッションの魔法」を味方につけて、人生を楽しんでいきたい。

エシカル、チャリティ、サステナブルな活動をしているブランドの服を「選ぶ」

かつて「ラグジュアリー」という言葉は、高級や豪華という意味合いからハイブランドの商品に多用されてきたが、最近はこの言葉の意味が変わってきている。

ハイブランドのバッグや洋服をまとうといった、表面的な高級感だけではなく、人生の豊かさ、社会への誠実さを表す言葉としての「ラグジュアリー」が、重視されるようになっている。

ブランドそれぞれがどんな背景をもっているか、大量廃棄、乱獲をしないなどのエシカル（「倫理的」「道徳上」という意味の形容詞）な問題とどう誠実に向き合っているか。そして、どんなチャリティ活動をしているか。

そんなブランドの姿勢を見て服などを選ぶ消費者が増えている。

サステナブル（持続可能）な活動をしているブランドのものを「選ぶ」。

そんな積極的で前向きな消費が、その人の美しさ、人生の豊かさに繋がるのではないかと思う。

ランジェリーにこだわる

私は、美しいランジェリーが好き。

上質なシルクにレースをあしらったもの、繊細なのにセクシーなもの。

肌に直接触れるものだから、つねに女性らしさを確認する魔法のような存在。

誰かに見せたいというより、ただ、女性であることを楽しみたいという気持ちが大きい。

表に見えないものにこだわるのは、秘密めいていて、緊張感も維持できる。

そしてランジェリーは、女としての本能を目覚めさせる力をもっていると思う。

自分のためにも、そして愛する誰かのためにも欠かせない。

秘めた美意識は輝きとなり、うるおいのオーラがあふれ出すと信じている。

透明なネイルがいちばんセクシー

私は毎日家事をするし、爪が弱いからすぐ二枚爪になってしまう。だから透明の薄いジェルネイルで二枚爪を予防している。月に一度、ネイリストさんにお願いしてやり直し、きれいな爪を保つ。仕事上、透明なネイルしかできないけれど、〝透明がいちばんセクシー〟だとも思っている。それがナチュラルな自分の色だから。

心も体も健康であることが大前提

2017年、フランスで、極端にやせたり、精神的・社会的に良好でない状態のモデルを起用しないという新たな憲章が策定された。確かに、〝モデル体型〟を目指して無理なダイエットをする女性は多く、そこから摂食障害に陥ってしまう人もいるから、こうした規定は大切だ。

いくらモデルでも、病的なほどやせている状態が美しいとは、私も思わない。身も心も健康であることが、美しさの大前提だ。そのうえで、人それぞれのベストな体型が尊重される社会であってほしいと願っている。

一昔前の私はどちらかというと、忙しくて食事をおざなりにしているとすぐにやせてしまう体質だった。うらやましいと言われることもあるが、これは私のウイークポイントだった。

仕事中、食事をするタイミングを失ってしまうこともあるため、ふだんから意識的に食べるようにしていた。

今は太らないように気を付けてはいるけれど、いわゆるダイエットはしない。私の美容法は、やせることが目的ではないからだ。

もしあなたが太り過ぎを気にしているなら、まず食べ過ぎてしまう心の健康状態から見直していくことも大事かもしれない。

当たり前のことだけれど、心と体が健康でなければ、美をかなえることは難しい。

ふだんから心地よく食べ、眠り、遊び、働く。そしてストレスは発散すること。

私のストレス発散法は、すごくありきたりで申し訳ないが、ひたすら惰眠を貪ること。たくさん寝れば大丈夫。休みの日は、多いときで10~12時間くらい寝ることもあるくらいだ。

料理を作るのもストレス解消法の一つ。レシピどおりに、これぞという味にたどりついたときは、嫌なことなど忘れてしまうほど達成感があり、スカッと爽快な気分になる。

そして、運動すること。ジムでのワークアウト、アウトドアスポーツ、ペットとの散歩など、体を動かすことも、ストレスを発散させる有効な方法だ。

鉄分不足は美の大敵

どんなに美容にこだわっていても、体の中の鉄分が不足すれば、肌はくすむ。

美容に関する情報は世の中にあふれているけれど、女性に多い鉄分不足については、あまり語られていないように思う。

鉄分不足は美の大敵。貧血解消は、美しさに欠かせない必須条件だ。

重度の鉄欠乏症なのに、それに気づかず日常生活をおくる女性は多いというが、じつは私自身、貧血だと気づいていなかった。きちんと寝ているはずなのに疲れが抜けず、クリニックで血液検査をした結果、ドクターに「そりゃ、疲れますよね」と言われ、重度の貧血であることが分かったのだ。

クリニックで鉄分注射や鉄剤を処方してもらい、赤身肉を選んで食べるなど工夫をして、貧血症状は改善され、顔色も良くなった。

一般的に貧血は、朝起きられない、といった症状を思い浮かべる人は多いけれど、じつは、階段を上がるとき10段くらいで息切れする、体がいつもだるい、頭がぼ〜っとする、疲れやすいなど、ふつうだったら運動不足や寝不足かなと軽く考えていたことが、重度の貧血によるものだったということは多いのだ。

慢性化すると、それが当たり前の状態だと思ってしまうからやっかいだ。

女性の場合は毎月月経で血を失うため、貧血に繋がりやすいと考えられるが、鉄分不足の偏った食事や、過度なダイエットで引き起こされることがあるほか、病気による出血でも起こる。

内面から美しく輝くために、医学の観点からも日頃からきちんと自分の体を把握し、ケアすることが大事だ。

三大欲求のうち2つは満たす

人間の三大欲求とは、「食欲」「睡眠欲」「性欲」。体がよろこぶものを食べ、よく眠り、性的欲求を満たすことは、女性としての美しさに大きく関わる。

忙しい現代人が、このすべてを満たすことは至難の業だが、3つの欲のうち2つは満たしておかないと、ストレスがたまりやすくなると思っている。

私の場合、モデルという仕事を続けていく限りは、「食欲」が満たされることは、ほとんどないだろう。ラーメンも白米も大好きだけれど、頻繁には食べていないし、好きなものを「お腹いっぱい」食べることも今は控えている。ごくたまにあるごほうびのときのみ。もちろん、そうした抑制は自分のコンディションを整えるためだが、不満がないと言ったら嘘になる。

睡眠は意識的にとるようにしているが、仕事が立て込んでくると、どうしても寝不足になってしまう。

だからなおさら、残りの「性欲」は、無理に抑える必要はないと思っている。

性的な満足感は、心や体の〝うるおい〟にも繋がっていると思うから。

いいセックスをする

セックスに関して十分満足している女性は少ない。あるアンケートでは、女性100人のうち約7割はオーガズムを得た経験がないという結果がある。

女性にとって、セクシャルな話題はタブー視されてきたけれど、女性だってセックスを楽しみたいし、男性誘導型セックスばかりじゃつまらない。

だから、セックスの仕方について女性が男性に対して、もっと自由に言えるようになったらいいと思う。女性だって、もっと楽しんでいいし、いいセックスをすることで、二人の関係は豊かになる。

セックスは、互いの関係性の中でつくり上げていくものだと思うから。

そういう意識を共有できるパートナーがいれば最高だが、大人になるとなかなか難しいことを私も実感している。

結婚していてもセックスレスというのは、よく聞く話。それは大問題だと思う。

いま、世界的に「フェムテック」という概念が、女性の生き方に浸透しつつある。

「フェムテック」とは、女性ならではの課題解決をおこなうテクノロジーのこと。

Female（女性）＋Technology（テクノロジー）＝FemTech というわけだ。

そのジャンルは、不妊対策、生理周期&排卵日測定アプリ、家庭用排卵日検査器、妊産婦のサポート・ケア、骨盤ヘルスケア、生理用品、そして、セクシャルウェルネス（潤滑オイルや女性用セックストイなど）と多岐にわたっている。

注目の背景には、世界的なフェミニズムの動きがあるのだろう。

だったらなおさら、女としての人生を楽しむため、うるおいのある生活をキープするためにも、「フェムテック」のような女性のための技術を活用するのは、一つの方法だと思う。

AI TOMINAGA
THE RULES OF BEAUTY
▼

LESSON. 3

最高のボディデザイン

鍛えるべきは「体幹」と「ヒップ」

意外に思われるかもしれないけれど、私が自分の体について本当に真剣に考え始めたのは、ここ5、6年のこと。きっかけは、30代前半で体の機能がガクッと落ちて、30代中盤でまたガクッとなって。2段階の曲がり角を体感したからだ。

ボディラインが崩れた冨永愛を許すことができなくて、クオリティは決して落とさず、いい状態をキープするやり方を根本的に見直した。

そんな私が、いま重要視しているのは、「体幹」と「ヒップ」。

私たちモデルが体幹のトレーニングを重視するのには、理由がある。

スムーズに自分の思いどおりに体を動かすためには、体幹をしっかり鍛えておく必要がある。体幹さえ鍛えておけば、きちんと歩けるし、立てるし、血流も良くなる。

ランウェイや撮影現場で、体幹が弱くきちんと立てないモデルは、意志をもってそこに存在していないといった印象を受ける。地に足がついていないように見えるのだ。

そして、もう一つ重要なヒップのトレーニング。

モデルにとって、ヒップラインはとても大事。日本にはもともと、着物による平面的な服飾文化があり、日本人の体は平面的だから、着物を美しく着こなすことができる。日本人を最も美しく見せてくれるものも、着物だと思う。

欧米人の体はバストもヒップもボリュームがあって立体的。だからドレスも立体的に作られている。

そんなドレスを日本人が完璧に着こなすのは難しいから、私はお尻がぺったんこにならないように、「ドレスはお尻で着る！」というスローガンを打ち立てて「尻トレ」に励んでいる。それは、ドレスではなくパンツルックだとしてもいえること。

ほかにもいろいろなトレーニングを試している。ヨガ、ピラティス、キックボクシング、ボクシング、バレエ……いずれも体幹を強くし、ヒップを引き上げるのに役立つものだ。

家でおこなう体幹トレーニング

私が家でおこなうトレーニングの中から、とくに体幹を鍛えるメニューを2つ紹介しよう。

この2種類だけやるのであれば、2日に1回おこなうといいだろう。

プランク

1、うつぶせになり、腕とひじを床につき、腕は肩幅程度に開く（スフィンクスのようなポーズ）。

2、顔は下に向けたまま、両つま先を床に立てる。

3、ひじとつま先の4点に重点をおき、補助的に腕で体を支えながら体幹を使って下半身を引き上げる。横から見て、頭からかかとまでが一直線になるように。

4、この状態を30秒キープできればOK。2セット（私は30秒キープし、その後にひねりを10回加える）。

バードドッグ

1、床に四つん這《ば》いの姿勢になる。
2、息を吸いながら、ゆっくりと右手と左脚を床から離し、前後に伸ばす。伸ばした手と足が横から見て一直線になるように。3秒キープ。
3、息を吐きながら右ひじと左ひざを宙に浮かせたまま折り曲げて近づける。
4、その動作を繰り返し10回。反対側も同様に。3セット。

トレーニング以外では、エッセイなど書き物をするとき、椅子ではなくバランスボールに座って、体幹を鍛えている。

美尻をつくる筋トレ

こちらはいきなり4種類おこなうのはたいへんなので、2種類えらんで。こちらも2日に1回。徐々に増やしていくのもいいだろう。

ヒップリフト

1、仰向けに寝る。両腕は体側へ伸ばし、手のひらは床に向ける。
2、両ひざを立てる。足幅は骨盤幅程度。
3、息を吐きながら腰をゆっくり持ち上げる。肩からひざまで一直線になるように。
4、肩、足裏を床に押しつけ1分キープ（腕は体を支える程度）。この間、お尻をたたいて硬さをチェック。少し内ももに力を入れると内転筋も鍛えられる。
5、1分経ったらゆっくり腰を下ろす（私はさらにここから10回腰を上げる動作を繰り返す）。これを3セット。

カエル足のレッグリフト

1、うつぶせに寝て、両手の甲を額《ひたい》の下に重ねる。
2、ガニ股にして両足裏をくっつける（見た目はカエルの足のよう）。
3、太ももをゆっくり持ち上げ、元に戻す（このとき、お尻と太ももの筋肉を使うことを意識）。10回×3セット（私は30回×3セット）。

スクワット

1、立って左右の両ひじをつかみ、肩の高さに上げる。足は肩幅に。
2、上半身はまっすぐ、ひざを曲げ、お尻を後ろに突き出しながら腰を落とす。ひざがつま先より前に出ないように。呼吸は止めない。
3、腰はひざの位置より少し上で止める（腰をひざの位置より下に落とし過ぎると腰を痛めたり、鍛えたい部分がきちんと鍛えられないので注意）。
4、ゆっくり元の姿勢に戻す。これを60回おこなう（私はジムに行けない日は100回。円盤型のゆらゆらするクッションを2つ用意し、その上に立っておこなう。足元の接地面を不安定にすることで、体幹により強い負荷がかかる）。

大臀筋《だいでんきん》ヒップエクステンション

1、体重を支えることができるような壁の前に立ち、壁から約60センチ離れた位置に立つ。

2、自分の胸あたりの位置の壁に両手をつき、片脚を後ろに上げ下げする。このとき、腰を反らし過ぎないように。しっかりお尻の筋肉を使えているかどうか、軽くたたいてチェックする。足を下げるときは床につけない。左右30回×1セット（私は30回×2セット）。柱を使ってもOK。

正しい姿勢を維持できない人は「内転筋」を鍛える

すぐ猫背になってしまったり、正しい姿勢が維持できない人は、体幹が弱っている証拠。そういう人には体幹トレーニングのほか、「内転筋」のトレーニングをおすすめする。

太ももの内側の筋肉である内転筋は丹田と連動しているといわれており、この内転筋のトレーニングが、体幹の強化にも役立つのだ。

内転筋は、日常生活で座りながら鍛える方法がある。

1、椅子に座ってひざを閉じ、内転筋にぐっと力を入れて30秒キープ。テニスボールのようなものを太ももの間に挟んで、力が抜けないよう意識するのもいい。

2、今度は逆に、両ひざの脇を両手で押さえ、その手の力に抵抗するようにひざを開き、30秒キープ。

ちなみに産後などによくある症状として、ちょっとしたときの尿漏れがある。これは内転筋を鍛えることで改善されることが多い。

実際私もそういった悩みがあり、内転筋を鍛えることで改善されたのだ。

私のジムトレーニングメニュー

家でのトレーニングのほかに、私の理想としては、ジムでのトレーニングを週2回。自宅でのヨガを週一でおこなう。

ジムのトレーニングは今の体型をキープするだけなら週1回でいいけれど、少しずつ変えたいなら週2回が望ましいからだ。

週3回にすると体は劇的に変わっていくが、体調と相談しながらやっていくのがベスト。

ジムでのトレーニングの所要時間は約2時間。

メニューは、脚、お尻の集中トレーニング、そこから上腕二頭筋、上腕三頭筋、上半身のトレーニング、そして腹筋と背筋、ウォーキング、最後ストレッチで終了……という感じ。

トレーニングメニューは更新していくことが大事だと思っている。同じトレーニングメニューを続けていると、同じ場所の筋肉しか鍛えられないから。
更新頻度は2ヵ月に1回程度。
パーソナルトレーナーをつけて、新しいトレーニング方法を学んでいる。
今はメニューを2種類用意して、交互におこなっている。
たとえば、いま定番のトレーニングメニューの1種類は以下のようなものだ。
これはあくまで「モデル冨永愛」のメニューなので参考までに。
あなたの目的や体調に合わせて調整してみて。

ラットプルダウン

10回×3セット（バーを引き下げ上腕や背筋を鍛えるマシントレーニング。私の場合、バーを持つ両腕の幅を広げ過ぎると体の側面の筋肉が育ち過ぎてしまうので、腕の幅は狭くしたり、ラットプルダウンはおこなわないこともある）

アブダクター

太ももの内側と外側を各12回×3セット（座った状態から脚を開く・閉じる動作で負荷をかけ、お尻の外側と内転筋を鍛えるマシントレーニング）

スミスマシンのスクワット

10回×3セット（バーベルを担《かつ》いだ状態でスクワットし、下半身とお尻の筋肉を鍛える）

アブドミナルクランチ

10回×3セット（座った状態から両腕で背側のプレートを引き上げる、腹筋を鍛えるマシントレーニング）

バックエクステンション

10回×3セット（ベンチマシンの上でうつぶせから上体を反らし、姿勢を支える脊《せき》柱起立筋《ちゅうきりつきん》を鍛えるトレーニング）

EZバー（持ち手が曲線状のバー）を使ったバーベルカール
10回×3セット（EZバーをゆっくり上げて下ろす上腕二頭筋のトレーニング）

ダンベルトライセプスエクステンション
20回×3セット（フラットベンチで仰向けの状態でダンベルの上下運動をおこなう上腕三頭筋のトレーニング）

ウェイトトレーニングが終わったら体幹トレーニング
先述したプランクとヒップリフト、バードドッグ、そしてレッグリフト（仰向けに寝た状態から両脚をまっすぐ上げ下げする腹筋運動）

ウォーキングマシンとストレッチ
各30分。

ウェイトトレーニングについては、10回できつくなるくらいの負荷でおこなう。
最初はパーソナルトレーナーに指導してもらうのがベター。
メニューの正しい実践法はトレーナーの指導のもとでおこなうこと。

AI TOMINAGA
THE RULES OF BEAUTY

▼

LESSON.
4

究極のビューティータイム

私の美容マイルール

美容法は世の中に数限りなくある。その中で自分に合うものを見つけるのは大変だ。いつもアンテナを張るようにしているけれど、それでも知らない美容法は数多く存在する。気になったものを取り入れ、試して、自分なりにアレンジしたりして定着させていくのだけれど、もちろん自分にフィットしないこともある。

そうやって厳選しながらも、更新されていく美容法……1年後にはまた違う方法を試しているかもしれない。

私の日常生活は美容のマイルールが多い。

とはいえ、ルールに縛られているという感覚があまりないのは、モデルという仕事柄、そのどれもが習慣化しているからだと思う。

とくに、夜の入浴からその後のスキンケアまでやることは多く、たっぷり時間をかけている。入浴タイムは約30分、その後、スキンケア、ボディケア、ヘアケアを入れてトータルで約1時間30分。

もちろん疲れ過ぎた日は、パパッと終わらせてしまうこともあるけれど、日頃きちんとやっているから、たまに手を抜いたとしても、大きく崩れることはない。

美肌、美髪、美ボディを保つセルフメンテナンスは、基本の継続がすべてだ。

では、今の私が実践している美容法を紹介していこう。

メイク落とし後、ダブル洗顔はしない

人それぞれ肌タイプがあるから、あくまで私の場合ということを忘れずに読んでほしい。私は乾燥肌で皮膚が薄いタイプ。

メイク落としは、オイルほど強くなく、クリームほど重くないジェルを愛用している。理由は、洗い上がりがオイルを使ったときよりも、肌の水分量が保たれるから。

メイク落とし&洗顔

1、メイク落としのジェルをたっぷりと手のひらにのせたら、顔全体に、なるべくやさしく、ゆっくり体温で溶かしながら広げていくイメージ。

2、メイクとなじませたら、ぬるま湯で洗い流す。お湯の温度は、体温と同じ36℃前後がベスト。手で触って「ぬるい」と感じるくらいが適温だ。冷た過ぎず、熱過ぎない温度で肌に負担をかけないようにする。

3、タオルドライは、タオルを顔にやさしく押しあてるだけ。

体温以上のお湯は、皮脂が落ち過ぎてしまうから気をつけて。乾燥肌の人はより乾燥してしまうし、脂性肌の人は皮脂の分泌が促され、余計にテカってしまうから。

そしてダブル洗顔はしない。皮脂を過剰に落とせば、肌トラブルのリスクが高くなるから、ダブル洗顔しなくてすむクレンジング剤を選んでいる。

ただし、脂性肌や毛穴の詰まりが気になる方は、自分の肌と相談しながら調節してみて。

朝の洗顔は、ぬるま湯で洗い流すだけ

乾燥肌で皮膚が薄い私にとって、洗い過ぎはダメージのもとになる。

だから朝の洗顔は、その日の肌の調子を見て、状態がいいときより少し乾燥しているなと感じたら、36℃前後のぬるま湯だけで洗顔。顔は決して手でこすらず、洗うというよりは、夜につけた基礎化粧品を軽く洗い流す感じだ。

状態がとてもいいときや、水分量がしっかりあるとき、また、少し脂っぽいとか、汚れが残っていると感じたら、洗顔料を使用している。

私はこれまで様々なスキンケアを試してきた。ココナッツオイルや、ごま油でのちょっと変わったケアや、温冷水の引き締め……肌に良いと言われるものは、ひと通り試してきたと思う。しかしそれはあくまでもオプション的なもの。

結局、肌に負担をかけないこの朝の洗顔法が、肌トラブルを極力抑えることに繋がっている気がするのだ。

私たちモデルは、ふだんからこってりメイクを施されているので、そもそも肌への刺激は人より多く受けている。だからこそ、毎日のセルフケアでは、自分の肌をやさしくいつくしんであげたいと思う。

洗顔料は「きちんと泡立てること」に尽きる

私はあるファッション誌の優秀コスメを決めるプロジェクトで審査員を務めたことで、洗顔料をはじめとする近年のスキンケア商品の目覚ましい進化を知った。

しかし、洗顔料に関しては、「きちんと泡立てること」に尽きると私は思うのだ。きちんと泡立てずに、ましてゴシゴシ洗ってしまうと、石鹸の粒が肌に残ってしまい、肌荒れの原因にもなるから。

泡洗顔法

1、固形石鹸にしても、ペースト状のものにしても、泡立てネットやスポンジで、メレンゲ状になるまでしっかりと泡をつくる。

2、手のひらと顔の間に必ず泡があるように、指が肌に触れないように心がけながら、ゆっくりと円を描き、汚れになじませる。

3、気になる小鼻の脇は、小さい円を描きながら洗うやり方と、泡を弾ませやさしく押す感じを、何回か交互に繰り返す。

4、洗い流す温度は、ここでも36℃前後。入浴中の洗顔も同様。

5、泡を洗い流すとき、顔は決して手でこすらず、シャワーなら、お湯をやさしく肌に滑らせる感じで。洗顔の倍くらいの時間をかけて丁寧に。

6、タオルドライは、タオルを顔にやさしく押しあてるだけ。

ちなみに顔のピーリングは、天然成分の肌にやさしいスクラブで2週間に1回ほど。余計な角質がとれて肌がツルツルになるし、ハリが出る。

顔は体の中でも一番皮膚が薄い部分。大事に丁寧に扱ってあげて、根本的な肌の健康を保っていきたい。

湯船で小顔ストレッチ

もちろん疲れてシャワーのみの日もあるけれど、基本的に湯船には毎日浸かる。ただし、10分以上湯船に浸かると肌の油分や水分が奪われてしまい、カサカサ肌の原因になるので注意して。

まずはメイク落としや洗顔を終えて、約10分間、湯船に浸かる。その後ボディウォッシュ、シャンプーの後、トリートメントをなじませつつ、顔のクレイパックをしながら再び約5分間、湯船に浸かるのがマイルーティン。クレイパックはくすみも改善されて明るい肌になる。

入浴前後の水分補給も忘れずに。

湯船に浸かっている時間は、舌の体操、そして首のストレッチをする。

顔まわりの血流が促されることで、むくみも改善される。

舌の体操の見た目は、ちょっとばかりヘンテコだけれど（笑）、紹介しよう。

舌の体操

1、あごを天井に突き出すように首を反らせる。
2、この状態で舌をできる限り上に突き出し引っ込める。これを10回繰り返す。
3、今度は舌を突き出したまま、舌を左右に行ったり来たりを20回。そうやって、あごまわりと首のラインを整える。

首のストレッチ

1、左手を背中にまわし、後ろ手で右ひじの内側をつかみ、胸を張る。
2、頭をゆっくり右側へ倒し、深呼吸を3回。このとき、左の耳たぶから首筋にかけてグーッと伸びていることを感じられたら成功だ。
3、次に頭を元の位置に戻し、顔を真右に向け、そのまま下を向く。あごを肩につけるイメージ。左肩の前方と首の左斜め後ろあたりが伸びる。
4、顔は真右の位置のまま、頭を右前側に傾ける。左の首のさらに後ろ側を伸ばす。
5、次に右前側に傾けた頭を、右後ろ側に傾け（あごを上げ）、左の首の前側を伸ばす。

6、逆も同様におこなう。すべての動作に深呼吸を3回入れる。

シャンプーしながら頭皮マッサージ

シャンプーやトリートメントは、キシキシしないノンシリコンタイプを使用している。そして、できるだけ環境にやさしいものを選ぶ。

1、まずシャンプーを手のひらで軽く泡立て髪になじませる。

2、指先でくるくると頭皮をやさしくマッサージしながら、すっきりと毛穴まで洗い上げる。場合によっては剣山《けんざん》のような形のシリコン製の頭皮用ブラシを使うこともある。これは、毛穴の汚れをしっかり落として、この後につける頭皮ケアのための美容液を浸透しやすくするためであり、マッサージ効果もある。

3、シャンプー後、トリートメントは毛先からつけて、根元に近い部分は軽くつけるだけ。トリートメントの種類にもよるけれど、3分間洗い流すのを我慢。ボディウォッシュしながら浸透させるか、最後に湯船に浸かった後、洗い流す。

たまにはプロの手でおこなう毛穴のディープクレンジングもおすすめしたい。健康な髪は、健康な頭皮から生まれてくるからだ。

体は手で洗う

私はリキッドタイプのボディソープをよく泡立てて、手で洗う。洗い方は、手を滑らせながらやさしく。肌に負担がかからないし、体を洗いながらボディチェックすることが目的。

女性器には専用のオーガニックソープを使っている。普通のボディソープで洗って常在菌を落とし過ぎてしまうと、膣内の環境バランスが乱れ、疲労がたまっているときなどに感染症を起こしやすくなるからだ。専用の乳液もあるので愛用している。興味のある方は、お試しあれ。

全身を洗い終わり、シャワーで泡を洗い流したら、石鹸成分を完全に落とすために、もう一度湯船に浸かるのも私のこだわりだ。

かかとケアは週3回

週に3回、専用のヤスリでかかとの角質を削る。頻繁にヒールを履くため、すぐに硬くなってしまうから。

お風呂から上がる直前、角質がふやけて柔らかくなったタイミングでおこなう。足は自分の目にもつきにくいし、若いときはあまりケアしないものだから（私はやってた！）、意外と年齢が出てしまう。

でも、顔ほどデリケートではないし、ちゃんとケアすればツルツルになるので、こまめに手をかけたい。

就寝前、かかとに必ずクリームを塗ることも忘れずに。かかと専用のものを使えばより良い。そして、月1回のネイルケアのときに足の角質ケアをする。

年齢に合わせてスキンケアもアップデート

お風呂から上がったら、また一仕事。

顔のスキンケアはタオルドライしてからすぐに！　真っ先に！　私は、1秒を惜しんでケアに取り掛かる。

その前に、バスローブを着るけれど、バスローブは肉厚のタオル地でしっかりしたものを選ぶ。このバスローブもこだわりの一つ。

入浴後のケアについては、正直なところ私も面倒だと思っている。なんとか時短にしたいなぁ、といつも思うのだけれど、時短にすればするだけ後に影響しそうで怖い。これればかりはどうにもならないと、半ば諦めて毎日こつこつとケアをしている。

私にとってスキンケアとは、セルフメンテナンスの基本中の基本。

コスメ好きの方から見れば、「な～んだ」と思われるかもしれないが、大事なのはやはり、基本を丁寧に、そして継続することだ。

そして、年齢や肌の状態に合わせて、内容をアップデートすることが大事。じつは私も試行錯誤しながら日々奮闘している。

私にとって美容の情報は、美容マニアの姉や友人、メイクさんから入ってくることが多いけれど、その中から今の自分に合いそうな美容法やコスメは取り入れ、少しずつ更新している。

顔のスキンケアは手でなじませる

化粧品については、人それぞれ好きなタイプのテクスチャーや香り、肌タイプがあるから、具体的な名称はここでは記さないけれど、基本のステップは以下のとおり。

顔のスキンケア基本ステップ

1、アイクリーム（ほうれい線にものばす）

2、ブースター（導入液。次に使う化粧品の浸透を良くするために使う）

3、乳液（肌に水分・油分・保湿成分などのうるおいを与えやわらげる先行乳液）
4、化粧水
5、2日に1回シートパックをする
6、美容液（肌の状態によってセラム、オイル、クリームを使い分ける）
7、クリーム
8、まつ毛美容液
9、アイケアクリーム（目の下の血行を良くするためにマッサージする。まぶたの上も大事なので忘れずに）

コットンは使わず、すべて手のひらの体温を使って肌になじませる。

必要な量を手のひらにのせ、やさしく顔全体にのばしたらハンドプッシュ。手で顔全体を覆うように、軽く押しながら2〜3秒ずつ、温めるように肌に染み込ませる。「染み込め、染み込め」と願いながら。

浸透するのをしばらく待って、次のステップに進む。こうすることで、化粧品一つ一つの本来のポテンシャルを引き出す。

ボディクリームは季節で変える

顔のスキンケアが終わったら、ボディケア。

これもまた顔と同じくらい丁寧にケアしたいところだ。

タオルドライするときもこすらず、やさしくタオルを押しあてるだけ。

使用するボディクリームのテクスチャーは夏と冬で変えている。

夏はさらっと軽めのもので、香りも爽やかな柑橘系。冬は濃厚なものを選び、香りは温かみのあるウッド系にするなどして楽しんでいる。

ちなみにシャワーだけですませた日は、ボディオイルを使っている。

シャワー後、タオルドライをせず、体が濡れたまま、まんべんなくオイルを塗る。

こうすることで乾いている状態で塗るよりもオイルののびが良くなり、塗りやすい。

ボディ、足裏からつま先までオイルをのばしたら、そのあとタオルドライ（水滴を押さえる程度）。すぐにバスローブを着て、顔のスキンケアに取り掛かる。

ハリ感を与える専用美容液でバストマッサージ

バストは、ハリ感を与えてくれる専用の美容液を使ってマッサージする。脇のリンパと胸の上部をほぐしてリンパの流れや血行を促し、バストへの血流を良くすることが目的だ。

1、ちょっと背中側、脇、バスト全体に美容液を塗る。

2、背中のお肉をバストにもってくるように、脇から胸の上部を通って、胸部の真ん中あたりまで胸の形に合わせて半円形に、ちょっと強めにマッサージ。

3、左右交互にリズミカルに10回ずつおこなう。

女性らしいカーブをつくるヒップマッサージ

最近ではジェンダーレスな魅力も注目されているけれど、服を美しく着こなすためには、ある程度、女性らしいカーブと、緊張感のあるお尻が必要だと思っている。ドレスだけではなく、ジーンズなどのパンツでも、ヒップがしっかりしているだけで、印象が全然違ってくる。

年齢に伴い、重力に負けてくると、ヒップの形も崩れがち。けれど、きちんとケアすることで、いくつになっても服を美しく着こなすことができるし、何より後ろ姿全体がきれいになる。自分の後ろ姿は自分では見えないけれど、人からは結構見られているものなのだ。

私のヒップケアは、バスト用の美容液を使うのがポイントだ。

そして塗り方も大事。体にはリンパの流れと血流があるが、ヒップの形を整えるマッサージは、次のラインを通るのが望ましいと実感している。

1、美容液を手にとり、両手を仙骨からまっすぐ下に向かわせ、ヒップの下部を丸みにそって円を描くように外側に。そしてヒップの脇を通って上に向かい、ヒップ上部の丸みにそって円を描くように仙骨に戻る。このラインを5回ほどなぞりながら、ゆっくり美容液を塗り広げる。

2、次は、手のひら全体を使いながら、ヒップ下の太もも裏から肉を引き上げヒップ上部までもってくる。これを左右交互にリズミカルに10回ずつおこなう。「重力に負けるな、負けるな」と願いながら。

クリームを塗る時間をマッサージタイムに

次は、脚、お腹から腰まわり、そしてボディ全体。

脚のマッサージ

1、ボディクリームを手にとり、片脚ずつ、足首からひざまで引き上げるようにマッサージしながら塗っていく。

2、ひざ裏は指を筋に這《は》わせるように下から上へマッサージすると、リンパの詰まりもほぐれて少し楽になる。とくに、立ち仕事の方、座りっぱなしの方は、ひざ裏は疲労がたまりやすい部分だから入念に。

3、ひざ上には老廃物がたまるので、必ずひざ上のマッサージをする。両手の親指を使って、ひざのお皿の上から15センチくらい上までを、上に向かってしごくようにマッサージ。

4、ひざ上からももの付け根まで、同じように引き上げながら塗っていく。

5、つま先や足の裏側にも塗るのを忘れずに。

お腹から腰まわり

1、気になるお腹まわりはボディクリームを手にとり、おへそを中心にゆっくり時計回りに。強過ぎず弱過ぎず、腸をマッサージする感じで。腸の活動を促せば、翌日はお腹がすっきりする。

2、腰まわりに関しては、お肉を胸のほうに集めるイメージで、上に向かって引き上げるように塗っていく。

腕、背中、デコルテ、そしてひじも、クリームを忘れずに。

ボディクリームを塗る時間は、マッサージタイムでもある。

これでボディケアは終わり。

頭皮マッサージで顔のリフトアップ

次は頭皮ケア。シャンプー後、頭皮に栄養を補給することは大切だ。

30代になると、毛質や毛量が変わってくる。

私は毛のうねりが強くなってきたので何か対策はないかと考えた結果、シャンプー後の頭皮マッサージに行き着いた。

直接頭皮に塗布する美容液は、オイル状のものやスプレー形式のもの、いろいろあるけれど、あれこれ試してスプレー形式のものを選んだ。

頭皮マッサージ

1、タオルドライ後、地肌全体に頭皮用スプレー（またはオイル）を塗布する。
2、まずサイドから、指先でゆっくり円を描きながら頭頂部に向けてマッサージ。
3、次に前方から同様に、頭頂部に向けて。

4、最後は後方から同様におこなう。
5、次に頭皮マッサージ用のヘアブラシで整えていく。ブラシで額の生え際から頭頂部を通って首の後ろまでブラッシング。
6、次に真ん中に分け目をつくり、分け目からサイドにかけて下に向けてブラッシング。
7、うなじ側から頭頂部に向かって下から上へ。サイドからも同様に。

考えごと、ストレス、悩みごとが多い私たちは、頭皮が随分と硬くなっているといわれている。頭皮が硬くなると顔のたるみの原因にもなる。

頭皮マッサージをすることで顔のリフトアップになることはもう常識。頭皮を柔らかく、健康に保つことの利点は多い。

ときには美容サロンのヘッドスパを受けて、顔がシュッと引き上がる体験をしてみるのもいい。

髪がツヤツヤになるヘアドライ法

次にヘアドライ。濡れている状態の毛先にヘアケアオイルをつけ、それからドライヤーで乾かす。根元から、毛先に向かってゆっくりと。

温風で全体を乾かしたら、必ず冷風にして温風で毛羽立ったキューティクルを滑らかに。温風と冷風を部分ごとに交互に使うことで、髪の毛はツヤツヤになる。

これでお風呂上がりのケアはひと通り終了。

どのプロダクトを使うかも大事だけれど、どのようにケアするのかも重要だ。

ハンド&ネイルケアも忘れずに

ハンド&ネイルケアも大切なルーティン。

といっても、ネイル用のバームをハンド全体にのばして終わり。

塗るのをサボると、すぐに甘皮が硬くなってガサガサしてくるから、継続するためにもシンプルケアがいいと思っている。

寝る前はかかとに塗った保湿クリームを、そのままネイル&ハンドにも塗ってしまうことだってある。疲れたときは温感オイルで足をマッサージすることもあるのだが、それを手に塗ってしまうことも。

どんなプロダクトを使うにせよ、継続して乾燥を予防することが大切。

0時までに寝る

基本的に、毎晩0時までにベッドに入り、起床は7時ごろ。

睡眠の美肌効果、疲労回復効果は、どんなコスメやサプリメントにもかなわない。

上質の睡眠を得るために、寝具もできる限り工夫している。

最近、気に入っているのは、そば殻の枕。首のS字カーブにちょうどよくそってくれて、気持ちがいいのだ。

シーツは上質で真っ白なリネン。ちょっとひんやりした肌ざわりが好き。マットレスは硬めの上質なもの。私たちは人生の3分の1の時間を睡眠にかけているのだから、良質な睡眠を得るための投資は意味のあることだと思う。だから寝巻きも上質で手ざわりのいいものを選んでいる。リネン、コットン、カシミヤなど、季節によって自分に合うものを着る。そして、フェミニンなものを着るのも私のこだわり。

ベッドに入ったら、ゆっくり深呼吸。緊張感が少しずつほどけて、いつの間にか眠っている。

休みの日などは10〜12時間ほど寝ることもある。それはそれで寝過ぎてダルくなってしまうけれど。

歯のホワイトニングは自宅で手軽に

モデルにとっては、自然な白い歯をキープすることも大切。

私が家で使っているのは、オーガニックのホワイトニングキット。ホワイトニング剤はいろいろあるけれど、口に入れるものだけに、あまりにもケミカルなものは怖い気がして。

マウスピースに透明の薬剤を塗り、歯にはめて、LEDの青い光を当てて白くしていく。その最中の見た目は怖いけれど、ブリーチとは異なり、エナメル質に影響を与えないタイプなので、敏感な歯にも使えるとか。

忙しくてクリニックになかなか行けないという方は、こうしたホームケアアイテムを試してみるのも手だ。

乾燥肌対策は内側から

基礎代謝の低下は、乾燥肌の原因になる。

だから私の乾燥肌対策は、運動で体温を上げ、適度に汗をかくこと。汗を分泌する汗腺もしっかり働かせるために。それはつまり、体の循環を良くすることだから。

運動できなかった日は、お風呂に浸かって汗をかく。

また、食べ物から良質な油を摂ることも大切。細胞の材料になる油、オメガ3、中鎖脂肪酸のMCTオイルも最近注目されている。ココナッツオイルにも中鎖脂肪酸は含まれるので、私はコーヒーに入れたり、ボディクリームとして塗るのも好き。良質のものを選ぶことも、最近の課題だ。

年齢を重ねると、体の内側から乾燥してくるのは確か。

コスメでしっかり保湿することももちろん大事だけれど、体の内側からうるおす方法を優先的に考えたい。

フェイスマッサージは首筋と鎖骨をほぐしてからが効果的

撮影の当日、朝起きたときに顔がむくんでいたら最悪だから、その前夜は塩分を控えている（ふだんも控えめだけれど）。最近、3日間塩分を控えた食事にしたら、むくみがほとんど気にならなかった。

　それでも、つい息子用の味の濃いおかずに手を伸ばしてしまったり、仕事のつきあいでお酒を飲んで翌朝むくんでしまったら、美容家電を総動員する。

　いま巷で話題の、電気刺激が出るブラシ、髪をツヤツヤにしながらも顔をシュッと引き締めてくれるドライヤー、フェイスラインを整える美顔ローラー……これら美容家電の力を借りて、朝のむくみをいっきに解消する。

　そして最初にほぐす場所によって、効果は何倍も違ってくる。

　顔やフェイスラインなどから始めてしまう人が多いと思うけれど、耳の下から首筋のライン、鎖骨のライン＝リンパの流れにそってほぐしたり、温めることで、その後のフェイスマッサージの効果は格段にアップする。

　顔に疲れが出てくる夕方も美容家電を使用。電気刺激が出るブラシは持ち歩けるサイズなので、出先でも首の後ろ側を、ピリピリ！っとやると、血流が促され、いっきに目が覚めるし、顔がシュッと引き締まり、リフトアップする実感がある。

　美容家電は、さらなる進化を遂げているから、いろいろ研究してみて。

顔の筋トレは〝よく笑うこと〟

「顔って意外とコッてるんだな」と、しみじみ思う。目、耳、鼻、口と感覚器官が集中している場所だから、つねに緊張を強いられ、疲労がたまりやすいのかもしれない。

私は顔が疲れたときは、顔の耳のそば（口を開けたり閉じたりするときに動く場所）をゆっくり指圧して、ほぐしたりしている。

顔の筋トレ自体はあまりやっていない。それでも、表情筋は使わないでいると、どんどん落ちてくるのは確か。

デスクワークなどで無表情になる時間が長い人は、オフタイムに、顔の筋肉を動かすことを意識したほうがいいかもしれない。

私はよく笑うタイプなので、それが顔の筋トレになっていると自分では思っている。

笑うとシワができると心配する人もいるけれど、ある程度の年齢になればシワができるのは当たり前だし、それこそ、人それぞれの人生が刻まれたチャームポイントだ。最近では、シワ改善の化粧品はすばらしい進化をとげているので、私はその技術にまかせているし、気にしていない。

シワを気にせず、たくさん笑える人生をおくりたい。

むくみ解消、肩甲骨ストレッチ

肩甲骨のスムーズな動きは、むくみ予防に繋がる。

肩甲骨のまわりの筋肉は、上半身の中でとくに大きな筋肉なので、ここがこわばっていると血液や体液のめぐりが滞り、むくみのほか、コリ、疲労の原因に。

筋肉は使わなければ硬くなる。とくに体の背面にある筋肉は、デスクワークなどではあまり使われないので、意識的に動かすのがおすすめだ。

手を後ろで繋げるようになったら、肩甲骨まわりが柔らかくなってきた証拠。

首筋から肩甲骨の間にある僧帽筋《そうぼうきん》、両肩甲骨のすぐ下にある広背筋《こうはいきん》は、どちらも大きな筋肉だから、肩甲骨をよく動かすことで、それらの筋肉も動かすことができ、全身の代謝アップにも役立つ。

ここで、デスクでもできる肩甲骨ストレッチを3つ紹介しよう。

肩甲骨ストレッチ1

1、両腕を上げて手のひらを正面に向ける。

2、息を吐きながら、ゆっくりひじを曲げ左右に。胸を開きながら下げられるところまで下げる（背脂をしぼるようなイメージ）。10回ほどおこなう。

上半身がポカポカし始め、コリもほぐれてくる。余裕があれば、両手に水を入れたペットボトルを持って負荷をかけてもいい。

肩甲骨ストレッチ2

1、両腕を前に伸ばし、手のひらは下向きに。

2、肩・ひじを平行にして、その高さのまま息を吐きながら、ひじはまっすぐの状態でできるだけ後ろに引く（無理しないように）。

3、まっすぐ前に戻す。10回ほどおこなう。

肩甲骨ストレッチ3

1、両手を後ろで組み、親指同士をくっつける。

2、腕を伸ばした状態で、できるだけ上に上げる。このとき胸を開き、顔は下を向かないように正面を向く。

3、3回深呼吸して10秒キープしたら、手をぶらんと離す。回数は好きなだけ。

AI TOMINAGA
THE RULES OF BEAUTY
▼

LESSON.
5

内側からきれいになる食事術

若いときと同じ食べ方をしてはダメ

撮影や国内外出張と多忙な私だが、料理をすること、食べることには、とてもこだわりを持っている。息子には自分の料理を食べてもらいたいし、何よりも私は食べることが大好き。

小さいころ、母が仕事で留守がちだったから、母の代わりに6歳下の妹のためにレシピを見ながらごはんを作るようになった。「おいしい！」って言ってもらえることがうれしくて、どんどん好きになっていった。

今も、料理をすること、食べることは、私のエネルギーになっている。

10代から20代は無茶な食べ方、飲み方をしても、ひと晩眠れば完全復活できた。でも、今、同じようなことをしたら、太る以前に内臓の調子を崩したり、むくんだりする可能性が高いし、消化吸収にエネルギーを持っていかれる分、パフォーマンスに影響がでてしまう。プロとして、それだけは避けたい。

そんな私の食事術を紹介しよう。

食事は美容法の一つ

私たちの体は、すべて口に入れたものからできている。だから、何を食べるか、何を飲むのか、を考えることも美容法の一つ。

限られた食事の中で、数限りなくある食材の中から、どんなものを選んで食べるかは重要だ。

私が心がけているのは、だいたい以下のようなこと。

1、良質な油を摂る（亜麻仁油・えごま油などのオメガ3、ナッツ類）
2、たんぱく質が不足しないように（魚や肉、豆類などをバランスよく）
3、炭水化物は少なめに（私は酵素玄米をいつも食べている）
4、水をたくさん（でも飲み過ぎない）

5、野菜をたくさん（旬のものを中心に）
6、発酵食品も忘れずに（納豆、ぬか漬け、麹、チーズなど）

こうして一度リストアップしてみると、過不足にも早く気づくことができる。

私の場合、もう少し海藻類を食べたらいいかなと思っている。

きれいになる食べ方、飲み方

あるものを食べたとき、自分の体がどういう反応をするのか、ルーティンを守ることにこだわらず、体の声を聞きながら日々調節している。

そして、今の年齢ならではの自分に合った食事を研究しながら、食べ過ぎず、体型をキープできる方法をいろいろと試しているところだ。

基本は、腹八分目で、とくに変わったことはしていない。食べたくないときは、無理に食べなくていいとも思っている。「一日三食」を守って食べることが、負担になることもあるからだ。

飲み物は常温の水かお茶（煎茶、びわ茶、ほうじ茶、ジャスミンティーなど）。紅茶やコーヒーは一日一杯。甘い飲み物はいっさい飲まないし、冷たいものは、夏でも極力飲まないようにしている。

今の私にとってはベストな食事を摂れていると思うけれど、年齢や体調に合わせてこれからも変化していくだろう。

朝はビタミンC、青汁、玄米甘酒ほか

朝、7時ごろ目覚めて歯を磨き、最初に口に入れるのが、ペースト状の高濃度ビタミンCのサプリ。その後、粉末状の乳酸菌入りの青汁を水に溶き、アルコールフリーの玄米甘酒を混ぜて飲む。そしてコラーゲン。これが一日のスタートだ。

息子を起こし、しばらく経ったら、手作りの豆乳ヨーグルトに、季節のフルーツとヘンプシード、その日の気分でナッツを入れて食べる。

そうやって動いていると、だんだん体が目覚めてくる。以前はごはんにみそ汁、卵焼きなど、きちんと朝ごはんを食べていたけれど、朝たくさん食べると、体が重く感じられるようになってきたので、最近の朝はこれだけ。

本当は和食好きなので、旅館の朝ごはんのようなスタイルにも憧れるけれど、それはごほうびとして、楽しみにとってある。

昼はサラダボウル一杯の生野菜＋α

昼はサラダボウル一杯の生野菜サラダが定番。腸活に役立っている。

生野菜は、胃腸の消化活動で体に負担をかけるから、昼だけと決めている。

サラダの中身は、たとえばキャベツ、ケール、ルッコラ、ピーマン、マッシュルーム、トマト、アボカドなどいろいろ。それに手作りの赤玉ねぎピクルス、ビーツを茹でたものなどを加えたりもする。冬場は体が冷えてしまうので、生野菜ではなく、グリル野菜か蒸し野菜、またはスープにしている。

＋αは日によるが、トレーニングをしているので、とくにタンパク質を意識して食べる。鶏肉を塩こしょうやガーリックでシンプルにソテーしたものを食べることが多い。シャケのカマ焼きも大好物。ごま納豆（納豆にすりごまをたっぷり加えたもの）と酵素玄米という日もあるし、脂の少ない赤身ステーキも好きでよく食べる。

昼間が一番、代謝が活発なので、カロリー高めなものや消化にエネルギーが必要なものは昼に食べるようにしている。

夕食は夜9時までに終わらせる

夜は息子用に作るおかずが、肉！　コッテリ！　ガッツリ！　という、まさに育ち盛りの男の子向けのメニューなので、それは軽く食べるくらいにしておいて、わかめと豆腐のみそ汁（昼にみそ汁を飲んだら、夜は省く）、自家製のぬか漬けなど。

そして、夜9時までに食事は終わらせる。どうしてもお腹が空いたときは、くるみ、アーモンドなどナッツを少し。間食も基本的にナッツだ。カリカリ、ポリポリと歯ごたえがあるので、少しの量でも満足できるし、オメガ3など、体にいい脂質の補給にも役立つ。

最近、グルテンフリー、シュガーフリー、乳製品不使用のギルティフリーのスイーツ・エナジーボールが気に入っている。お腹にたまるのでおすすめだ。

空腹時は豆乳を飲むこともある。眠る前に温めた豆乳をそのまま飲むのもマイブーム。空腹で寝るより、こうして少しお腹に何かを入れて寝ると、良い眠りになるといわれているから。

だいたいこんな感じなのだが、これは決してダイエットメニューではない。

私にとっては、これが今の自分に合った食事なのだ。

私がそうであるように、誰にでも、その時その人に適した食事があるのだと思う。

体調や年齢、ライフスタイルによって、心地よい食事は変化する。またヘルシーな食材も、食べ過ぎると栄養が偏ってしまったり、アレルギーを起こしたりもしてしまう。いろいろなことを参考にしながらも、自分の体調と相談し、楽しく食事をしてもらいたい。体調や栄養管理に不安のある方は、栄養士やお医者さんに相談をしておくと、安心して食事を楽しめるようになるはず。

むくみたくないなら塩分は控えめに

撮影の前日は、お酒は控え（お付き合いのある日は少しだけ）、塩分の強いものはなるべく食べない。どちらもむくみの原因だから。

むくみの問題はモデルに限ったことではない。

今は多くの人がデスクワーク中心だから、座りっぱなしで血流が悪くなり、むくみやすい状況といえる。

私も、たとえばみそ汁なら、味噌は減らして、出汁で旨味を出す。基本的にどんな料理でも、出汁をうまく使えば、塩分を減らすことに役立つ。

出汁をその都度、取っているわけではなく、市販の出汁パックや、粉末出汁の中から、ナチュラルなものを選んで使うようにしている。

お刺身の醤油も、端っこにほんのちょっとつけるくらい。納豆についているタレも半分も使わないようにするなど、できることから減塩に取り組んでいる。

旬の食材、質のいい調味料にこだわる

元来食いしん坊の私。できるだけおいしいものを食べるためにたどり着いた答えは、「旬の食材」を積極的に取り入れることだ。

農業技術が発達した今の時代は、季節を問わずいろいろなものが食べられるので、スーパーに通っていても旬が分かりづらい。今の旬が何なのか、アンテナを張っておくのも楽しみの一つだ。

旬の野菜やフルーツだけでなく、肉、魚介類も、自然の理にそって育ったものは、生命力にあふれているから、売り場でもひときわ輝いて見える。「なんてきれいで、おいしそうなんだろう！」と、見るたびに感動する。しかも、旬の食材は断然安い。

だから、私はあまり外食をすることがなく、家で料理をすることが多いのだ。

ふだん私が作る料理は、息子が好きな「男子ごはん」。白いご飯がどんどん進む、甘辛いおかずがどうしても多くなる。でも副菜は、旬の食材を活かしたやさしい味のメニューが中心。

とくに旬の野菜には、その季節に必要な栄養素が多く含まれるといわれている。夏野菜のきゅうりやトマトは体を冷やし、不足しがちな水分の補給にも役立つ。塩分の排出に役立つカリウムがむくみを予防してくれるし、日焼けした肌をリカバリーするビタミン類も豊富に含まれる。

秋野菜は夏の暑さで弱った胃腸を回復し、体を温める効能があり、冬野菜も体を温めてくれるものが多い。

そして春野菜は冬を乗りこえたからこその栄養素が豊富なのだ。

料理の仕方も季節によって違ってくる。

夏野菜は生や、さっと火を通したものがおいしいし、ブロッコリーやカリフラワー、根菜類などの冬野菜は、蒸したり、煮たりするとおいしい。

そうやって旬の食材をおいしくいただくことで、体を季節に順応させ、整える。気持ちいいほど理にかなっているのだ。

旬の食材を活かしたシンプルな料理は、質のいい調味料があれば、よりおいしくいただける。伝統製法で作られた醤油や味噌、酢、油、自然海塩などは少量でも、旬の野菜や肉・魚などのおいしさを引き出し、やさしい味に仕上げてくれる。
砂糖は白い砂糖ではなく、きび砂糖か、てんさい糖。塩麹も手作りしてよく使う。

おばあちゃんの知恵「まごはやさしい」

おばあちゃん子な私が祖母から教わった「まごはやさしい」という言葉。
これは健康的でバランスの良い食事をするのに役立つ食材の覚え方なのだが、私にはとても納得できるバランスだったので、日々の食生活の物差しにしている。

ま・豆類
ご・ごま
は(わ)・わかめ(海藻類)
や・野菜
さ・魚

し・しいたけ（きのこ類）

い・芋類

一日でこれらの食材をバランスよく食べることが健康の秘訣だと、祖母がよく言っている。現在87歳の彼女がとても元気なのは、もしかしたらこういった食事を心がけているからなのかもしれない。

日本人が昔から食べていた素朴な和食は、私たちの遺伝子レベルでも「おいしい」ものなのだろうと思う。

このシンプルな「まごはやさしい」の和食ベースが、私の美と健康を支えている。

たまにはハメを外してもいい

私は腹八分目を意識しつつも、バランス良く、しっかり食べている。

以前ほどハメは外さないが、たまにはごほうびごはんも必要だ。大好きなポテトチップスを、1袋食べきってしまうことも、ごくたまにある。

食べるときは罪悪感なんて忘れて、思い切りそのおいしさを味わう。

大事なのは、食べたあとだ。

食べ過ぎて体が重いとか、疲れたとか、お通じが悪いというときは、その体の声をきちんと受け止めて、体にやさしいごはんを作るようにしている。

お昼に食べ過ぎたときは、夜は軽め。

夜に食べ過ぎたときは、次の日の朝はスムージーなどを飲んで、昼や夜を軽めにする。軽めといっても極端に量を減らすわけではなく、動物性の油脂や赤身肉など、胃腸に負担がかかるものを避けるというだけのこと。

たとえば、ブロッコリーやキャベツを蒸したもの、白菜の重ね煮、根菜たっぷりのみそ汁、鶏の水炊き……などなど。カロリーは控えめでも、ある程度お腹にたまるものを食べることにしている。

いつかモデルを引退して、人前に出る仕事を辞めるときがきたら、そのときは、「食べたいだけ食べる」という夢もある。

こってりラーメンも、もちもちの白米も、いつか、思い切り食べてやりたい。

問題は、そのときの私の胃がもつかどうかだ。

「体においしい」が基準

ここまで私の食事術を書いたけれど、尽きるところは「体においしい」食事であるかどうかだ。

「体においしい」というのは、私がよく使う言葉。その時その時の、自分の体調や心に合ったものを食べられたときに使う言葉である。

ここ数年、オーガニック、スーパーフード、ヴィーガン、マクロビオティックなどをうたったレストランやカフェをよく見かけるようになった。

ナチュラルな食材を扱う自然食品店も増え、より手軽に自分の体調管理がしやすくなったのはうれしい。

でも、どんなに体調を気遣いたくても、忙しさにはかなわない。料理をする時間が持てないとか、外食さえできない日だってある。

そんなときは、無理をしてナチュラルなもの、体にいいものを探さなくてもいい。

私がコレクションサーキットで世界中の街を駆けずり回っていたころは、正直なところ食事のことまでは気が回らなかった。

レストランに行く気力もないときのために、私は母親が漬けた梅干しを瓶に詰めて渡航の荷物に忍ばせ、そして海外の日本食スーパーで納豆（冷凍しか売ってないのが残念だったけれど）と、レトルトのみそ汁、電子レンジで炊けるお米だけは調達しておくことにしていた。

それは決して健康的な食事ではなかったけれど、日々の戦いの中で少しだけ癒しを与えてくれる故郷の味。

それがそのときの私にとって「体においしい」食事だった。

あなたも、「体においしい」を基準に、ストイックになり過ぎずに、食べることを楽しんでほしい。

AI TOMINAGA
THE RULES OF BEAUTY

▼

LESSON.

6

働く女性が輝くために大切なこと

トップモデルの共通点

トップモデルの条件は何かというと、それは天賦の素材と才能、時代に愛される運、そして努力だろう。私もでき得る限りの努力をしているけれど、それは当たり前のこと。大前提であって――。

ただがむしゃらに努力しても意味はなく、そこにはクレバーさも必要だ。

並み居るライバルを押しのけて頂点に立つには、自分をどこまでも客観視してアピールの戦略を練る必要があるし、タイミングの取り方も重要になる。

勘の良さだけでは長く戦っていけないのだ。

たとえば、ショーのフィナーレでモデル全員が並ぶ場面。

そこでいつまでも人の陰に隠れていたら、なかなか目立てない。かといって前に出過ぎると、逆に鼻について、周りからは嫌われる。

そのさじ加減が難しい。だがトップモデルになる人は、そのあたりもスマートだ。

私の場合、トップモデルになれた最大の理由は、〝心〟だと思う。

ハイファッションの世界で活躍できる確率は、ほんのひと握り。いや、爪の先ほど。私の存在を完璧に無視するように扱われたこともあった。人としてではなく、まるで物のように扱われ、あっちへ行けと手をヒラヒラとされ、その度に心を打ち砕かれてきた。

それをどうやってブレイクスルーできたのか……もちろんキャスティングの受け方、コミュニケーションの取り方などは工夫してきた。

けれど、肝心なのは自分の心。

心を奮起させることが、何よりも大事なことだった。

10代、20代のころの「モデル冨永愛」は、いつも戦闘モード。昔の写真を見ると目がつり上がっていて、自分でも怖い。

闘う相手は、〝他の誰か〟ではなく、つねに自分だった。

それが原動力となり、夢を摑むことができたのだと思う。

周囲を味方につける

トップモデルの内面的な特徴を聞かれることもある。人心掌握術《じんしんしょうあくじゅつ》のようなものも含めて。正直、性格がいい人もいれば、めちゃくちゃ性格が悪い人もいた。

しかし、たとえば性格が悪いスーパーモデルがいたとしても、カメラマンは撮影したいし、ブランド側も使いたい。頂点まで昇りつめたら、人間性も何も関係ない。でも、仕事をこなしていく中で、あえて人に嫌われる必要はないし、あえてやりづらくする必要もないと私は思う。

チームとして、円滑に物事を進めていくためには、言わなきゃいけないこともあるけれど、私は、基本的に楽しくやりたいと思っている。どんな仕事でも、一人ではできないのだから。

モデルの場合は、デザイナーやクチュリエ（裁縫専門職）、カメラマンのほか、ヘアスタイリスト、衣装のスタイリスト、マネージメントスタッフなど、たくさんのプロに支えられてこそ、成り立つ仕事だ。

やり方は人それぞれだけれど、互いの尊敬や信頼が大事。

たとえ相手がどんなに嫌なやつだったとしても、プロの仕事をなめてはいけない。

クセの強い人が多い世界でもあるから、いちいち振り回されず、プロとして接していきたいと思っているし、人間的な思いやりも失いたくない。

人に嫌われるタイプのモデルは、一時的に売れることがあっても長続きはしない。

どんな職業にもいえることだと思うけれど、人に好かれ、味方につけることで、周囲に動いてもらえるような人間力を身につけることが大切だ。

アナ・ウィンターに学ぶこと

映画「プラダを着た悪魔」のカリスマ編集長ミランダ。ファッション業界に絶大な影響力を持つ人物として描かれた。悪魔のような要求で、何人ものスタッフが辞めていき、その中で信頼を勝ち取ったのが、アン・ハサウェイ演じるアンディ。

ミランダから失望の言葉を浴びせかけられ、地獄のような日々を過ごしながらも、アンディはミランダに鍛えられていく。カリスマ編集長ミランダの人間味が光る映画だった。

有名な話だが、このミランダのモデルは、実在のアメリカ版「ヴォーグ」編集長であるアナ・ウィンターだといわれている。

「アナ・ウィンターも悪魔のような人物なの?」なんて、彼女をよく知る私は、人に聞かれることがあるけれど、私は決してそうは思わない。

彼女は、ただプロとして威厳があるだけで、理不尽なことを言ったとしても、それがそのときのクリエーションに必要なことだったのだと思う。

そもそも、彼女のような人が、「感じ良く」いる必要もない。一日に何百人という人に会うわけだし、いちいち愛想をふりまいてはいられない。

彼女の使命は、人と仲良くすることではなく、売れる雑誌を創ることなのだから。

編集長として、何度も重要な決断を迫られる、そのプレッシャーたるや計り知れないが、一貫した売れる雑誌のイメージとポリシーがあるからこそ、確固たる意志を貫いている。

理不尽なパワハラは論外だが、人それぞれプロとしての表現は違う。クオリティを追求しながら人間関係をうまくやっていくことも大事だけれど、同時にやるべきことを見極め、ゴールを目指すことが大切なのだ。

私が苛烈な競争社会で自分を見失わなかった理由

トップモデルを取り巻く世界は、まるで雲の上にいるかのように、ものすごく浮ついた世界。

少しでも売れはじめると崇め奉るが、手のひらを返すのも早い。

売れなくなったら、すぐ見向きもされなくなる。

その落差に耐えられず自殺してしまったモデルの子もいた。

一つ間違えたら足を踏みはずしそうな危ない世界。実際、モデルたちのほとんどはたやすく自分を見失うし、私も見失いかけた時期がある。

それでも私が苛烈《かれつ》な競争社会でサバイブしてこられたのは、子どもを産んだからなのかもしれない。このままいくと有頂天になる寸前、いいタイミングで子どもを授かり、子どもを育てるという大きな責任、究極の現実がそこにあった。

「この子のために、自分を見失っている場合じゃない！　いかん、いかん！」と。

生まれた命、育ちゆく命がそこにあるから、見失わずにすんだのかもしれない。

〝自分の命に代えても守りたい存在〟が、私の重しになってくれた。

私の場合、それは子どもだったけれど、家族、パートナー、友人、ふるさと、夢でもいい。その人にとって、心の底からふるえるような、自分を現実世界に繋ぎ止める何か、根底で繋がっている何かがあれば、自分らしい道へ戻ることができると心から思う。

苦い思いは糧になる

17歳のとき、初めてのニューヨークコレクションで、ラルフ ローレンのショーに出られると決まったときは、本当に天にも昇る気持ちだった。ところが――。

フィッティングの日、どんな服が着られるのだろうと期待に胸を躍らせていると、フィッターと呼ばれる衣装の着付け担当の子が、私のところへ衣装を抱えて持ってきた。

「これがラルフ ローレンの服？」

天国から地獄へ突き落とされた気分。

ほかのラックには、いかにもラルフ ローレン然とした美しいシャツやジャケット、ドレスが山ほどかかっているというのに、私に用意されたのは、膝下まであるメンズっぽいオーバーサイズのコートに、スウェット素材のパンツ。

これに素敵なブーツかヒールを履くのかな？　と思いきや、そこで入ってきたデザイナーが指をさしたのは、見るからに薄汚れたスニーカー。

「まさか、これを履くの？」

周囲にはきれいな革のブーツや、ヒールが並んでいるのにもかかわらず、私に選ばれたのはスニーカー。しかもその靴はフィッターが履いてきた靴らしい、というようなことをフィッターが明らかに動揺した様子で言っている。

隣の大きな部屋に通され、何回か歩くように促されたのだが、壁一面の大きな鏡に映る自分の姿は、私のイメージしていたラルフ ローレンとは全く違った。

「こんなはずじゃない！ 私のニューヨークコレクションデビューを華々しく飾るのは、こんな薄汚いスニーカーじゃない！」

怒りと絶望でいっぱいになった。この日のために、ウォーキングの練習を重ねてきた。13センチものピンヒールを履いて、美しく歩けるように毎日練習してきたのに。

「もしかして、差別？ バカにされているの？」

いま振り返れば、このランウェイの中で私だけ薄汚れたスニーカーを履き、ラルフローレンをストリート風にコーディネートして着させてくれたのは、非常に「おいしい」状況だった。

なぜなら次の日の新聞には、ラルフ ローレンのコレクションの紹介に、私の写真がたくさん掲載されていたから。とはいえ、当時の私にそんな考え方はできず、ただひたすら悔しい思いを噛み殺していたのだ。

このときの苦い思いこそが、私の闘争心、世間の慣習に抗う反骨心に火をつけ、それが、その先に待ち受ける苦難を乗り越える糧となったことは確かだ。

もし、あなたが今、辛くて苦しい状況にあっても、その経験は未来に必ず役立つ日がくる。反骨精神は、困難を突破する力を授けてくれる。

オン・オフを自在に操る

時々「人前で緊張しないようにするにはどうすればいいか」といった質問をいただく。私の中には、〝オフィシャル冨永愛〟と〝プライベート冨永愛〟の2人の私がいる。〝プライベート冨永愛〟は、いつも堂々としているわけではない（笑）。

2019年に出演したドラマ「日曜劇場『グランメゾン東京』」（TBS）では、フランス系グルメ誌の編集長であるリンダ・真知子・リシャールという役を演じた。その現場で、共演者のみなさんに、よく言われた言葉。

「なんでそんなに堂々としているの？」

もちろん、そういう役柄なのだが、演技力以前に、いざというときの度胸だけはあるのも確かだ。モデルという職業柄、人前に出て注目を浴びることには慣れている。

それにランウェイは一発勝負だから、自分に自信がないとか、「私なんて」などと言っている場合じゃないし、ここ一番の集中力が試される。

全員が全員、「100%自信満々ですけど何か？」と言わんばかりに、〝ドヤ顔〟全開でウォーキングする、ある種、異様な世界だ。

そんな世界で生きてきたから、ふつうに演技をしているつもりでも、自分が思う以上に堂々として見えるのかもしれない。

モデルという仕事に関しては、キャリアを重ねた分だけ自信があると言えるし、つねに一番でいたいという気持ちもある。〝オフィシャル冨永愛〟は、いつも強気でシビアだ。

でも、それはあくまでオフィシャルの話。コレクションや撮影が終われば、自信満々スイッチは自然とオフになる。舞台の照明が消えるように。

〝オフィシャル冨永愛〟と、〝プライベート冨永愛〟を分離させることで、私はバランスを保っているのかもしれない。

家に帰れば息子のごはんも作るし、洗濯や掃除もする。犬の散歩にも行くふつうのお母さんだ。子育ては楽しい反面、悩みや迷いの連続で自信をなくすこともある。

だから、誰もが仕事などオフィシャルなシーンでは、堂々とした自分を〝演じてみる〟のはどうだろう。

女優になった気分で、「オフィシャルモード、スイッチオン！」。

集中力を高めるプチ瞑想

撮影やランウェイを歩く前、集中力を高めたいとき、よくおこなうプチ瞑想を紹介しよう。

1、目を瞑《つぶ》る。水面の波紋が、中心に向かっていくイメージを思い浮かべる。ポタンと水滴が落ちたときにできる波紋の広がりが、逆に真ん中に収束していくイメージだ。

2、波紋が真ん中に完全に集まりきって、水面が落ち着き、一つの点になったら目を開ける。所要時間は人それぞれ。

こうして集中力を高めて撮影に臨むと、外の世界のことはすべて忘れて、レンズを通したカメラマンとの対話にも集中できる。

集中力が足りないとき、自分の気持ちを高めたいとき、取り入れてみてほしい。

嫌なことは丹田に収める。そして深呼吸

私は、愚痴や不平不満は、口に出さない性分。

嫌なことがあったとしたら、丹田に収めるようにしている。

そのプロセスはこんな感じ。

1、口をすぼめ、ゆっくり、細く息を吐いていく。

2、息を吐ききった最後の最後に、丹田に負の感情を収めるイメージをもつ。

3、次に自然に息を吸い、好きなだけ繰り返す。

すると、先ほどまでの嫌な気持ちがス〜ッと消えている。

これは、イライラ、ムカムカしているときだけでなく、集中力アップにも役立つメソッド。いつでもどこでも、たとえば不快な満員電車で、眠れないベッドの中で、緊張するプレゼンの直前でもできるので、ぜひお試しを。

一歩手前にラインを引く

働く女性の多くは、無理をしているように思う。

無理をしている状態がふつうという人も多い。女性は我慢強いから、ギリギリまで頑張ってしまう人が多いのだが、「自分が頑張ればなんとかなる」という考え方は、いつまでも通用するものではない。

私自身、昔はどんなに無茶をしても、毎日お酒をたんまり飲んでも、ひと晩眠れば平気だったけれど、今は疲れが長引くようになっているし、仕事も家庭もめいっぱい頑張るスーパーウーマンであろうとして、ある日パタンと倒れ、結局は周囲に迷惑をかけてしまった苦い経験もある。

だから、体力の限界まで頑張るのではなく、「まだいけそう」と思っても、その一歩手前でラインを引いて、やめるようにしている。

力の入れどころ、抜きどころが分かってくると、無駄な動きも少なくて済む。

そして日々、体を休めることも忘れずに。

自分のことを疑ってみる

私は取材で何回も同じ質問を受け、同じ話をする。

だから他の人よりも多く、過去を振り返っているのかもしれない。

振り返りたくないこともあるし、もう昔の話をするのはやめようと思うときもある。

ただ、おもしろいと思うのは、10年前に受けた質問の答えと、いま同じ質問を受けて答える内容が、何度も咀嚼している結果と年月によって、すこし違ってきていることだ。

歳を重ねた結果の解釈の違いというか、少しずつ自分も成長しているのではないかと思うこともある。

ただ、決して今の自分がベストではないと、私は思うようにしている。

自分が自分を一番疑っているからだ。歳を重ねるほど、そうでなければならないと自分を戒めている。

ある程度の年齢になると、他人が自分に対して厳しく言ってくれたり、本当のことを言ってくれることは、ほとんどなくなると言っていい。

キャリアにあぐらをかいていてはいけないし、甘んじていてはいけないのだ。

今の自分はベストであるかどうかを客観的に見て、日々調整、前進していくことがより大事だと思う。

自分を大切にする

仕事や家事に追われ、いつの間にか終わる一日。

思いを巡らせることもなく明日が来て、そして一年があっという間に過ぎていく。

そんな毎日を送っていると、いつしか迷路に迷い込んでしまったような、そんな恐ろしさを感じるときがある。

自分は一体なんのために生きているのだろうと考えてしまう。

それはきっと、今を生きる人々に共通する感覚かもしれない。

以前の私は、家事や仕事、息子と過ごす時間、友人との交際、仕事上の付き合い、それに加えて美容や体づくりの時間、これらすべてを完璧にこなそうと必死だった。

そしてある日、過労が原因で入院することになってしまったのが、2013年のこと。なかなか下がらない熱にうなされながら、病院のベッドで今までの人生を振り返った。息子のために頑張って働かなくてはと思っていたのに、いつの間にか仕事に追われ、息子に寂しい思いをさせていたことにも気がついた。

きっとこのときが、私の大きな転機の一つ。

「生き方を変えなくてはならない」

そのために私が出した結論は、しばらく仕事を休むことだった。

モデルは人気商売でもあるだけに、休むということでキャリアが脅かされることは分かっていた。それでも休もうと決めたのは、息子のほうが自分のキャリアよりずっと大切だということに気づいたから。

結果的に、仕事を3年間休んだ私は、2017年秋に復帰した。

昔は、自分のコンプレックスを怒りに変えて前に進んでいたが、いつの間にか、そうした考えは薄れていた。今はモデルとして表現する仕事に、心の底からよろこびを感じているし、それに付随する仕事やチャリティ活動にもやりがいを感じている。

一方で、大切なものを犠牲にしながら生きていくことは、もうないだろうと思うのと同時に、〝自分を大切にする生き方〟について思いを巡らせている。

それは私にとって大きなテーマだし、どう生きるかが女性の美しさに繋がっていくと思うから。

母であっても人生を楽しむ

子どもから与えられるものは無限大。私にとっては、これ以上ない人生最大のギフト。一緒に成長していける唯一無二の存在だし、子どもから教えてもらうこと、与えられることは本当に多い。

私のもとに生まれてきてくれたことを、心からうれしく思い、感謝している。

経験から言って、仕事と子育ての両立は難しい。

私はシングルマザーでお父さんの役目もするからなおのこと、悩みは多いのだが、だからこそ日々、試行錯誤しながらやっていくのが大事なんだと自分に言い聞かせている。

愛する子どもを思って悩んだ分だけ、豊かな人生が送れるのだと信じている。子育てに正解などないのだから。

私も含めて、多くのワーキングマザーは、日々、仕事と子育ての両立という現実と向き合っている。

とくに日本では、母になれば何かを犠牲にしなければならないという、暗黙の認識が、女性のエンパワーメントを阻んでいるのではないだろうか。

2019年12月に発表された、「グローバル・ジェンダー・ギャップ指数」（男女格差の大きさを国別に比較した世界経済フォーラム〈WEF〉による）を見ても、日本は、調査対象となった世界153ヵ国のうち、121位。主要7ヵ国（G7）では最低。これは本当に驚くべき結果なのだ！

ほかの先進国の女性たちの働きぶりと比べてしまうと、残念だが納得せざるを得ない。今の日本社会では、ワーキングマザーはまだまだ子育てや家事の負担が大きく、男性に比べ活躍の場が限られる。

しかし、世の中のせいにしているのはもったいない。子育てをしながらも、上手に時間をつくって、時には自分らしく、人生を楽しむという意識を持つことは、自分自身の人生を保つ上でとても大切なことだ。

実際、私も時間をやりくりして、おしゃれやプライベートスタイルを楽しんでいる。

すべての女性が、時には夫やパートナーとデートなども楽しみながら、女性に生まれる人生はなんと楽しいものだと思える機会が、もっともっと増えたらいいなと思う。

AI TOMINAGA
THE RULES OF BEAUTY

▼

LESSON.

7

夢をかなえる
セルフマネジメント

チャンスが来たとき掴める自分でいること

モデルは、与えられた環境で100%の力を出さなければいけない世界。だから不安はつきものだ。

その不安はどうやって消しているのか、といった質問を受けることがある。

その問いに対して、答えは2つ。

1つ目は、具体的に何が不安要素なのかを考え、一つひとつ消していく。

2つ目は、日頃のトレーニングで体を鍛えて準備をしておく。

たとえばモデルにとっての不安要素は、「このピンヒール、脱げないかな?」とか、「転ばないだろうか?」ということだ。

2019年TOMO KOIZUMIのショーで、無数の黒い羽根のついたゴージャスな重いドレスを着て、ランウェイを歩いたときの出来事。

ストラップなし、ホールド力のないピンヒールで、しかも裸足なら靴が滑らないが、薄いストッキングをはかされて。ふつうに歩いても、ピンヒールが脱げてしまいそうな不安定さ。

私はそのショーで、オペラの曲に合わせて優雅に舞を踊りたいと思っていたから、「あ、きたか!」と思った。そういうことは、自分では予想できない。

スタイリストさんと相談をして、ソール部分に両面テープを貼ったり、やれることをやり尽くした。

それでもまだ不安は残っていた。

そんなときに安心材料となったのは、ふだんのトレーニングだった。

体幹トレーニングでちょっとやそっとの不安定な状況でも対応できる体を準備してきたから、無事にショーを終えることができた。

こうしたことは、きっと、モデル以外の人たちにもいえること。チャンスが来たときのために、つねに準備をしておくことが大切だ。

私が16歳のときからパスポートに挟んで大切にしている、好きな言葉がある。それは、何かの付録のようなものから切り取った言葉。

「チャンスは摑むものだ。でも、そのチャンスが来たときに、摑める自分でいないと、チャンスは逃げる」

だから、どんなピンヒールでも歩ける自分でいるために、準備は怠らない。

誰もが不安を抱えて生きている。私だって不安に思うことはある。

万全な準備なんてなかなかないけれど、ただ、その不安をぬぐえる自分でありたいと思う。

自分との対話を繰り返す

目まぐるしい日々の中にあっても、私は自分の気持ちと向き合うことを忘れたくない。しかし、モデルデビューしてから十数年の間は、正直そんな余裕はほとんどなかった。

今から10年以上前のこと。パリコレのケンゾーのショーで、故・山口小夜子さんとご一緒させていただいたことがある。

山口さんは、かつて東洋一のスーパーモデルとして活躍された伝説の人だ。

バックステージでモデルたちが雑談したり、シャンパンを飲んだり（当時は）してザワザワとしている中、彼女は一人静かに座っていた。

その姿は、自分と向き合い対話をしているようだった。

本物の表現者は、あんなふうに自分との対話を繰り返していくものなのかと考えさせられたのだ。

その後、3年間休業した私は、自分にとって何が必要で、大切なのかをよく考えるようになった。

山口小夜子さんのような唯一無二の存在感を出すためには、私もまだまだ自分との対話が必要だと思っている。

その時々の自分と向き合い、何度も問いかけながら、進んでいきたい。

好奇心があれば前に進むことができる

好奇心旺盛なのは、私の特徴の一つ。

人生においても、女性が輝くためにも、好奇心はとても大切だと思っている。

好奇心は人生において大事なファクター。

好奇心があるから前に進むことができる。

好奇心が挑戦に繋がり、挑戦を続けることで新たな自分に出会えるといった、自分自身への好奇心に繋がる。

そして、モデルとして表現するということはとても奥深いことだから、表現に対する好奇心は、持ち続けていかなければならないと思っている。

私はもともとコンプレックスを原動力としていたけれど、同時に、ワクワクする好奇心があったからこそ、世界に挑戦できたとも思っている。

自分をアップデートする

私のモデルキャリアは、国内での活動から数えると、じつは23年になる。ベテランの域だが、自分をアップデートするために必要な、初心に立ち返る場をつねに探している。それが、さらなる高みを目指すことに繋がると思うからだ。

２０１９年5月。東京でジョルジオ アルマーニが、ブランド始まって以来初めてのクルーズコレクションをショー形式で発表した。そのショーのキャスティングに挑戦したのだ。

モデルのキャリアが長くなってくると、キャスティングを受ける機会は少なくなる。わざわざ行かなくても、どんなモデルか知られているからだ。

私も、ここ10年ほどキャスティングは受けてこなかったのだが、このときは、自分から受けようと思った。初心に返りたかったのだ。

キャスティングは、シビアな挑戦の場。

会場に入って、自分のポートフォリオを手渡し、ちょっとウォーキングして、「はい、ありがとう」で終わり。

たったこれだけでジャッジされる世界なので、そのときの自分の気持ち、体調、着ていく服も含めて、100％の状態で行かないと、すごく悔いが残る。「なぜ落とされたのか分からない」ということも、よくあるから。

そんなキャスティングを改めて受けようと思ったのは、その一瞬の自己表現にかけるギリギリ感というか、緊張感というものを、今、もう一回体験しなければという、危機感にも似た感覚があったからだ。

久しぶりのキャスティングは、想像以上の緊張と高揚に包まれた。

受かるか受からないかの問題ではなく、まさに初心に立ち返れるような経験。それこそが、今後の私にとって意義のあることだと感じていた。

もちろん、受かる自信はあったし、日本のショーのトリを務めることができたのは私の誇りだ。

でも、勝利の美酒に酔うのは一瞬のこと。

またすぐに私は何かに挑戦するだろう。自分をアップデートしていくために。

Giorgio Armani Cruise 2020 show, Tokyo Japan
写真提供：GIORGIO ARMANI

今の自分に少し負荷をかける

〝スーパーモデル〟の一年は、次のとおりだ。

春夏、秋冬と、年に2回のコレクションツアーをこなす。2月、ニューヨークを皮切りに、ミラノ。3月（当時。今は2月になる）にはパリで、その年の秋冬シーズンのプレタポルテコレクションが発表される。9月、ニューヨーク、ミラノ。10月（当時）パリで翌年の春夏シーズンのプレタポルテコレクション。それらの前後に、オートクチュールコレクション、クルーズコレクション。合間には、各国の「ヴォーグ」「ハーパーズバザー」「エル」などファッション誌の撮影、広告の撮影——。

私は約10年間、これを繰り返した。

ジバンシィなど、一流メゾンのエクスクルーシヴ（専属契約）も手に入れた。それはトップモデルの証しであり、スーパーモデルの条件でもあった。だから、最初にして最大の夢は、もう、かなってしまったといえる。

今はその次の人生を生きているところだ。

正直言って、10代のころのような、ギラギラとした渇望はもうない。オリンピックだけを目指して頑張ってきたアスリートが、それ以上の夢を持てないことに似ているかもしれない。

でも、これまで自分が積み重ねてきたキャリアを生かせる今の状況は幸せだし、モデルとしても、一個人としても、自分をアップデートする活動は今後も続けていきたいと思っている。

目の前の目標、ちょっと先の目標、その先にある目標。考えるのはそのあたりまで。今の自分に少し負荷をかけて、今の自分よりちょっと先にいる自分がイメージできることに挑戦し、一つひとつ経験を積み重ねている。

しかし一方では、こんな思いもある。いま私はスーパーモデルと呼ばれているけれど、じつは真のスーパーモデルになれたとは思っていない。上には上がいるのだ。

私が今も挑戦し続ける背景には、「まだ夢をかなえきっていない」という思いもあるのかもしれない。

自分を好きになる方法

インスタグラムのストーリーズという機能を使って、フォロワーのみなさんから私への質問を募ったことがある。その中で最も多かったのが、「自分を好きになるにはどうしたらいいか」という質問だった。

最近、息子の受験のために学校説明会に行く機会が多く、いろいろな学校の先生の話を伺う。その話の中で驚いたのが、日本の若者の自己肯定感の低さだった。

主要国の中で最も低いという実態。その数値も２０１３年から低下し続けているということ（内閣府による２０１８年11〜12月に満13〜29歳までの男女を対象に実施した「我が国と諸外国の若者の意識に関する調査」の結果）。

この結果に基づいて考えると、若者のネガティブな意識が、いま日本が抱えている問題の原因の一つであろうことは、容易に窺《うかが》い知れる。

私も、そんな自己肯定感の低い若者の一人だった。

みんなと同じであることが安全で安心。しかし、私は見た目からして、みんなと同じではなかった。特定のものを「かわいい」と評価する世界では、平均してその部類に当てはまらないと生きていることすら否定されたりする。

ところが、モデルの世界に足を踏み入れ、世界に飛び出してみると、そこは今まで私が存在していた世界とは全く別の世界。価値観や美意識は、一つではないことを知ったのだ。そうやって経験を積み重ねることで、自己肯定感を高めていったのかもしれない。

私は仕事以外でも、やってみたいこと、やりたいことに、できる限り挑戦し、何ができて何ができないのか知ることで、自己肯定感を高めてきた。

たとえば、家庭菜園に挑戦したことがある。大根、人参、ルッコラやきゅうり、しそ、ハーブ、などなど。熱心にやり始めたのはいいけれど、土作りから間引き、水やりなど、大体の感覚でやっていたからなのか、いつまで経っても大根は細い根っこのままだったし、人参は育たず、結果的に収穫できたのは、ルッコラときゅうりだけ。

あまりスポーツは得意ではないけれど、20歳のころサーフィンもやっていたことがある。キラキラ光る太陽のもとで、颯爽と波を操るように滑ってくる姿はなんて格好いいのだろう！　私にもできたらいいな、というのが最初の入り口だった。

でも、散々波に揉まれ、もう二度とやりたくないと思うほどにコテンパンにやられた。そもそも私は泳げないのだった（笑）。

その後、サーフィンがダメでも、同じ横乗り系のスノーボードならいけるのでは？と挑戦した。波はいつ来るか分からないけれど、雪はそのシーズンになればいつだってそこにあるし、波待ちなんてしなくていいし……なんて理由をつけて始めたスノーボードは、なんと今でも続けていて、もう18年になる。おかげで息子と一緒に楽しめるウィンタースポーツになったし、ストレス発散の一つになっている。

100％、自分を理解することはできないのだろうし、時々自分のことが分からなくなるときもある。それでも、以前より今の自分を好きと言えるのは、好奇心に突き動かされ、いろいろなチャレンジを経て、こうして自分にできることと、できないことが、少しずつ分かってきたからかもしれない。

100点満点の人なんていないし、向いていないこと、できないことがあるのは当たり前。でも、自分にはできることがある。

そうやって自分を知ることによって、自分を好きになれるのかもしれない。

ただ自分の心に従う

私は人に、「正直だね」「ストレートだね」と言われることがあるけれど、それは自分でも自覚している。

自分の心の声を聞き、体の声を聞き、感じたまま行動し、素直に言葉で表現している。ストレートさが自分を強くしているのだと思うし、ここまでたどり着けた最大の理由だ。

話を盛ったり、知ったかぶりをしたり、思ってもいないことを口にしたりすると、他の人は気づかなくても、自分にはバレバレ。

そんなことを繰り返しているうちに、自分に確信が持てなくなり、自分を見失ってしまうのではないだろうか。

私がストレートな人間なのは、小さいころ、自然の中で育ったことも影響しているように思う。友達が少なかったぶん、いつも家の裏山に登って虫や植物と戯れていたから、直観力、瞬発力、物事に対する感性などが育まれたのかもしれない。率直さも、そのたまものではないかと思う。

何も盛らない、ただ自分の心に従う。

自分に対して「正直」でいることは、じつは楽《らく》なことでもあるから。

マイナスをプラスに反転させる力

私はスーパーモデルになりたい一心で、10代で世界に挑戦した。

挑戦し続けることができたのは、負けん気の強い私の中に、ものすごく弱かった子どものころの私がいたからだ。

高校生までの私は、ほかのみんなみたいに、背が小さい、かわいらしい子になりたくて仕方がなかった。中学でぐんぐん背が伸び、顔もかわいいというよりは、珍しい部類だったから、いつも猫背で、鏡を見るのも嫌だった。

貧しさを恥じ、学校にも家にも居場所がない自分を恥じ、それを隠すために精一杯突っ張って見せた。

でも弱い部分があるからこそ、本当の強さを手に入れたいと願ったし、たくさんの悩みや挫折を経験したからこそ、死に物狂いでスーパーモデルの座を掴みにいくことができたのだと思う。

悔しいとか、辛いとか、悲しいといったネガティブな感情も、じつはとても大切。ほかの人の気持ちにも思いをはせることができるようになり、人間的な幅も奥行きも出てくる。そのことに自分が気づきさえすれば、マイナスをプラスに反転させることができる。あきらめなければ、その機会は必ず訪れる。

だから、いま悩んでいる人も、きっと大丈夫！

陰が極まれば陽に転じる。その逆もまたしかり。

この世の真理をしみじみと実感している。

私自身に立ち返る時間をつくる

私が、仕事で最高のパフォーマンスを発揮するために大事にしているのは、自分の中に立ち返る時間を、たびたびつくるということ。

元いた場所に戻り、自分を一旦リセットすることが大切なのだ。

単純かもしれないけれど、私にとってのそれは、自然と触れ合うこと。都会でめまぐるしく過ぎていく時間と、自然の中で過ごす時間の流れは、確実に異なる。

引っ越しの多い家庭に育った私だが、住んでいたのはいつも、ちょうどいい田舎具合のところ。遊ぶ場所はもっぱら山や川など、自然の中が多かった。

春になれば草花は勢いよく芽吹き、山の中は生命力に満ちてくる。

土の中で眠っていた昆虫たちも地上に出て活動を始め、あたりは活気づく。

夏になればせわしなく鳴くセミやその抜け殻を探して遊び、土蜘蛛の巣を見つけては、うまく地中からその巣を引っこ抜けるか試してみたりした。

夏の終わりにはセミの死骸が目につくようになり、その死骸に集まる蟻をじっと眺めては、セミはただ死んでいくのではなく、それはまた誰かのためになっているのだということを考えたりした。

カマキリの卵を秋のススキに見つけ、カマキリのメスが交尾の後にオスを食べてしまうことを残酷だと感じて心を痛めながらも、それがカマキリの繁殖にとって重要なことだということを知り、たくましく生きる昆虫から勇気を得たりした。

冬になれば静まり返った森の中で、生と死を繰り返す昆虫と、枯れては芽吹く草木に思いを寄せながら、自分が死んだら魂はどうなるのかと物思いにふけっていた。

私が自然と触れ合っていたいと思うのは、こうして自然と共に生活をしてきた幼いころの思いからなのだろう。

私の心の奥底に、キラキラした小宇宙が広がっている。

それはいつかの少女が感じていた自然の摂理に対する憧れや、畏《おそ》れに繋がるものなのかもしれない。

純粋な心で見つめていた自然に触れることが、私自身に立ち返るということ。そこにはブレない何かがあると感じている。

「本物」を目指す

スマホというツールは、多くの人の生活を変え、コレクションの世界をも変えてしまった。

最初に私がびっくりしたのは、ランウェイのフィナーレで、観客のほぼ全員がスマホをかざしている光景。思わず「えっ!?」と、たじろいだ。

それまでのランウェイは、とても神聖な場だった。客席の人々にとっても、私たちモデルにとっても、現実とかけ離れた聖域のようなものだった。

でも今は、世界のどこからでもスマホの画面を通してそれを簡単にライブで見られる時代。神聖で、ごく限られた人だけが目にするクローズドな世界ではなく、ごく身近なものになっている。

もちろん、そこを歩くモデルたちも同様だ。

昔は——というと年寄りくさいが、少なくとも20年ほど前までは、私のように、そのへんを歩いていると宇宙人呼ばわりされてしまうような、〝ふつうではない人間〟が、むしろモデルとしてはステイタスだった。

今その傾向がなくなったとは言わないけれど、もっとずっと身近に感じられるインスタグラマーや、ブロガーと呼ばれる人たちも、モデルとしてランウェイを歩くようになっている。

それも否定はしない。同じ服でも、私が着たときと、ナオミ・キャンベルが着たときではまったく違って見えるのがファッションの面白さであり豊かさだからだ。インスタグラマーや、ブロガーならではの着方、見え方があり、それも一つのダイバーシティの在り方だ。

でも、だからこそ今は、「本物」が問われる時代だと思う。

たとえば、日本の伝統工芸は、それに携わる人々の研鑽につぐ研鑽によって作られ、受け継がれてきたもの。才能あふれる器用な人が、見よう見まねで作ったものとは、本質的に違う。

それは、「使命感」を持っているかどうか、という話でもある。

美しいファッションを浴びるように体験している私だが、同じように映画やアート、音楽にも可能なかぎり、感動する瞬間を得たいとつねに心がけている。

心動かされる物に触れることによって、感性はより豊かになり、表現に生きてくると思うから。

一つの個性として——人間としても、モデルとしても、私は「本物」を目指したいと思っている。

モデルという仕事を愛する私には、〝生涯モデル〟という、さらなる夢がある。

そのためにも、「本物」を見極め、日々精進していきたい。

EPILOGUE

私は「努力している」という言葉が好きではない。それはただの格好つけなのかもしれないけれど、実はちょっと恥ずかしいということもあるし、努力は見せびらかすものではないという自分の美意識があるから。

ただ、いま私がこうしてモデルであり続けることができるのは、求めてくれる人がいるからで。私はその声に応えるために、日々努力を続けている。そう考えると、自然と恥ずかしさも薄れ、この度こうして本にまとめることができた。

この本では、私個人の多くのビューティーチップスを公開したけれど、そのいくつかでも、皆様のビューティーライフにお役立ていただければ本望です。

モデルの仕事は一期一会。今までの作品は一つとして同じものはない。いや、同じものは決して作らないし、同じものを作ることもできない。毎回スタッフも違えば、衣装も場所もヘアメイクもコンセプトも違う。一つひとつの作品を素晴らしいものにするために全力で挑んでいる。

こうして作り上げた作品は、私の宝物。そしてそれは決して一人で成し得ることのできない世界。だから、現在の冨永愛の存在は、これまで関わってきた人たちみんなで作り上げてきたといえる。

応援して、見守ってくれる皆様がいてこその冨永愛であるという責任とミッションを心に刻み、これからの冨永愛を生きていきたいと思う。


今回、この本に掲載している写真はすべて撮り下ろしたもの。このビューティーブックのために、素晴らしいスペシャリストの方々に協力していただきました。

つねに被写体を愛し、美を最大限に引き出してくれる皆様とこの撮影に挑むことができました。写真家下村一喜さん、スタイリスト仙波レナさん、メークアップアーティストＹｕｋａ Ｗａｓｈｉｚｕさん、ヘアスタイリストＳｈｕｃｏさん、ビデオグラファー島津明さんに心より感謝申し上げます。

ダイヤモンド社の土江英明編集長、美しい紙面を構成してくださったアートディレクター藤村雅史さんには、本の制作に全力を尽くしてくださったことに深く感謝申し上げます。

この本が生まれるきっかけを作ってくださった編集者依田則子さん、制作プロセスの全てをサポートしてくれた弊社代表、生駒芳子と、弊社チーフマネージャー、吉川春菜にも、感謝申し上げます。

そしていつも支えてくれている家族や友人にも、愛を込めて。

2020年3月　冨永　愛

STAFF

写真
下村一喜（AGENCE HIRATA）

アートディレクション
藤村雅史

デザイン
清水美咲（藤村雅史デザイン事務所）

メイク
Yuka Washizu（beauty direction）

ヘア
shuco（3rd）

スタイリスト
Rena Semba

映像
島津 明

プロデュース
生駒芳子（UNDER GROUND）
吉川春菜（UNDER GROUND）

取材協力
伊藤由起

企画構成
依田則子

FASHION CREDIT

ALAÏA（リシュモン ジャパン）
SOMARTA（エスティーム プレス）
VERA WANG BRIDE（ヴェラ・ウォン ブライド銀座本店）

AI TOMINAGA

冨永 愛【とみなが・あい】

1982年生まれ。17歳でNYコレクションにデビュー、一躍話題となる。以後長きにわたり世界の第一線でトップモデルとして活躍。そしてモデルのほか、テレビ、ラジオ、イベントのパーソナリティなど様々な分野にも精力的に挑戦。2014年より3年間の休業を経て、2017年秋復帰。日本人として唯一無二のキャリアを持つスーパーモデルとして、世界一流メゾンのランウェイに返り咲く。現在、チャリティ・社会貢献活動や日本の伝統文化を国内外に伝える活動、執筆のほか、2019年秋、TBSテレビ「日曜劇場『グランメゾン東京』」では主要キャストとして抜擢、女優としても活躍。公益財団法人ジョイセフ・アンバサダー、エシカルライフスタイルSDGsアンバサダー（消費者庁）。

公式サイト　www.tominagaai.net

Instagram　@ai_tominaga_official

＊本書の売上の一部を公益財団法人ジョイセフに寄付いたします。

冨永愛 美の法則

2020年３月12日　第１刷発行
2020年４月15日　第３刷発行

著　者――冨永 愛
発行所――ダイヤモンド社
〒150-8409　東京都渋谷区神宮前6-12-17
http://www.diamond.co.jp/
電話／03･5778･7227（編集）　03･5778･7240（販売）
撮影――――下村一喜
デザイン――藤村雅史、清水美咲（藤村雅史デザイン事務所）
プロデュース―生駒芳子、吉川春菜（UNDER GROUND）
企画構成――依田則子
製作進行――ダイヤモンド・グラフィック社
印刷――――ベクトル印刷
製本――――ブックアート
編集担当――土江英明

ISBN 978-4-478-10979-3